★陕西省优秀教材二等奖获奖教材

新工科应用型人才培养计算机类系列教材

Python 程序设计与案例教程

主　编　王小银

副主编　王曙燕

西安电子科技大学出版社

内 容 简 介

本书以程序设计为主线，以程序设计初学者作为教学对象，由浅入深、循序渐进地讲述了 Python 语言的基本概念、基本语法和数据结构等基础知识。全书共分 14 章，内容包括程序设计基础与 Python 概述，数据类型，Python 程序设计基础，基本程序设计结构(顺序、选择和循环三种)，组合数据类型，函数与模块，文件，异常处理，面向对象程序设计，图形用户界面设计，Python 的标准库和第三方库，基于 Pygame 的游戏开发。

本书实例丰富，可作为高等院校相关专业 Python 程序设计课程的教材或教学参考书，也可作为大学各专业程序设计公共教材和全国计算机等级考试参考用书，还可供计算机应用开发技术人员和计算机爱好者自学使用。

图书在版编目（CIP）数据

Python 程序设计与案例教程/王小银主编. —西安：
西安电子科技大学出版社，2019.1(2021.10 重印)
ISBN 978-7-5606-5172-9

Ⅰ. ① P… Ⅱ. ① 王… Ⅲ. ① 软件工具—程序设计—教材 Ⅳ. ① TP311.561

中国版本图书馆 CIP 数据核字(2018)第 286842 号

策划编辑 李惠萍
责任编辑 唐小玉 雷鸿俊
出版发行 西安电子科技大学出版社(西安市太白南路 2 号)
电 话 (029)88202421 88201467 邮 编 710071
网 址 www.xduph.com 电子邮箱 xdupfxb001@163.com
经 销 新华书店
印刷单位 陕西天意印务有限责任公司
版 次 2019 年 1 月第 1 版 2021 年 10 月第 4 次印刷
开 本 787 毫米×1092 毫米 1/16 印 张 17.5
字 数 414 千字
印 数 8001~11 000 册
定 价 39.00 元
ISBN 978-7-5606-5172-9 / TP

XDUP 5474001-4
如有印装问题可调换

前　言

Python 语言由荷兰国家数字与计算机科学研究院研究员吉多·范罗苏姆(Guido van Rossum)于 1989 年发明，第一个公开发行的版本发行于 1991 年。Python 语言的设计哲学是"优雅"、"明确"和"简单"。吉多·范罗苏姆在设计 Python 时，目的是想设计出一种优美而功能强大，可提供给非专业程序设计师使用的语言，同时采取开放策略，使 Python 能够完美结合如 C、C++和 Java 等其他语言。

经过二十多年的发展，Python 已经广泛应用于计算机科学与技术、科学计算、数据统计分析、移动终端开发、图形图像处理、人工智能、游戏设计、网站开发等领域。Python 是一种面向对象、解释运行、扩展性很强的程序设计语言，语法简洁清晰，同时拥有功能丰富的标准库和扩展库。标准库提供了系统管理、网络通信、文本处理、数据库接口、图形系统、XML 处理等功能；扩展库覆盖科学计算、Web 开发、数据库接口、图形系统等多个领域，并且大多功能成熟而稳定。

通过 Python 语言程序设计课程的学习，读者可以掌握 Python 语言的程序结构、语法规则和编程方法，达到独立编写常规 Python 语言应用程序的能力，同时为设计大型应用程序和系统程序打下坚实的基础。本课程是数据结构、操作系统和软件工程等课程的基础，并可为这些课程提供实践工具。

本书以程序设计为主线，以初学者为起点，由浅入深、循序渐进地讲述了 Python 语言的基本概念、基本语法和数据结构等基础知识，同时对 Python 语言的标准库和第三方库及其应用进行了较全面的讲述。全书共 14 章，第 1 章介绍了程序设计基础与 Python 的基本概念；第 2 章介绍了 Python 语言的基本数据类型、运算符和表达式；第 3~5 章介绍了 Python 程序设计基础与三种基本程序设计结构(顺序结构、选择结构和循环结构)；第 6 章介绍了 Python 语言中的组合数据类型；第 7 章介绍了函数、模块的定义和使用；第 8、9 章介绍了文件、异常处理的基本知识；第 10 章介绍了面向对象程序设计的相关知识及应用；第 11 章介绍了使用 Python 进行图形用户界面设计的方法；第 12、13 章分别对 Python 中常用的标准库和第三方库进行了解析，并给出了应用实例；第 14 章介绍了基于 Pygame 模块进行游戏开发的基本方法及其实例辨析。本书中丰富的例题均在 Python 3.7 运行环境中调试通过。

本书第 1~10 章和第 12 章及附录部分由王小银编写，第 11、13 和 14 章由王曙燕编写，全书由王小银统稿。研究生张一权和张海清参与了部分校对工作，作者在此一并向他们表示衷心的感谢。

本书可作为高等学校 Python 语言程序设计课程的教材，也可作为工程技术人员和计算机爱好者的参考用书。

由于编者水平有限，书中难免存在不足之处，恳请广大读者多提宝贵意见。

作者联系方式：wangxiaoyinxy@126.com。

作　者
2018 年 10 月

目　录

第 1 章　程序设计基础与 Python 概述

　　计算机是一种能按照事先存储的程序，自动、高速进行大量数值计算和各种信息处理的现代化智能电子装置。计算机不仅能自动、高速、精确地进行信息处理，还具有存储信息、记忆信息、判断推理等功能，在很大程度上能够代替人的部分脑力劳动，具备类似人脑的"思维能力"，因此计算机也简称为"电脑"。计算机的广泛应用标志着信息化时代的到来，它对社会、商业、政治以及人际交往的方式和人的生活产生了深远的影响。计算机的迅速发展推动了人类的智力解放，使科技、生产、社会和人类活动发生了重大变化，人们利用计算机能高效解决科学计算、工程设计、经营管理、过程控制、人工智能等各种问题。现在计算机已成为最基本的信息处理工具。

　　人们使用计算机解决问题时，必须用某种"语言"来和计算机进行交流。计算机语言是人与计算机之间交流信息的工具，计算机语言由计算机能够识别的语句组成，它使用一整套带有严格规定的符号体系来描述计算机语言的词法、语法、语义和语用。

1.1　程序设计与程序设计语言

　　计算机系统由硬件系统和软件系统两大部分组成，硬件系统是系统运行的物理设备总称，软件是管理、维护计算机系统和完成各项应用任务的程序。软件的主体是程序，程序是由计算机语言编写而成的。

1.1.1　程序设计与计算思维

1. 程序设计

　　程序设计是给出解决特定问题程序的过程，是软件构造活动中的重要组成部分。程序设计往往以某种程序设计语言为工具，并在这种语言下编写程序。程序设计过程包括分析、设计、编码、测试、排错等不同阶段。专业的程序设计人员常被称为程序员。一个正确的程序通常包括两层含义：一是书写正确，二是结果正确。书写正确是指源程序在语法上正确，符合程序设计语言的规则；而结果正确通常是指对应于正确的输入，程序能产生所期望的输出，符合使用者对程序功能的要求。

2. 计算思维

　　计算思维是当前国际计算机界广为关注的一个重要概念。2006 年 3 月，美国卡内基·梅隆大学计算机系主任周以真(Jeannette M. Wing)教授在美国计算机权威期刊

《Communications of the ACM》杂志上发表了题为"Computational Thinking"的论文。他在文中将计算思维定义为：计算思维是运用计算机科学的基础概念进行问题求解、系统设计以及人类行为理解等涵盖计算机科学之广度的一系列思维活动。

计算思维吸取了问题解决所采用的一般数学思维方法，包括现实世界中巨大复杂系统的设计与评估的一般工程思维方法，以及复杂性、智能、心理、人类行为的理解等一般科学思维方法。计算思维的本质是抽象与自动化。与数学和物理科学相比，计算思维中的抽象显得更为丰富，也更为复杂。

1.1.2 程序设计语言

程序设计语言通常称为编程语言，是能够被计算机和编程人员双方所理解和认可的交流工具。当软件开发人员希望计算机完成一件工作或解决一个问题时，首先需要确定解决问题的方法和步骤；然后再把这个方法和步骤用计算机能够理解和执行的程序设计语言表述出来，形成一组语句的集合，即程序。

程序设计语言并不唯一。在计算机技术发展的过程中，先后形成了数百种不同的程序设计语言。程序设计语言按照使用方式和功能可分为机器语言、汇编语言、高级语言。

1. 机器语言

机器语言(Machine Language)是用二进制代码表示的计算机能直接识别和执行的一种机器指令的集合，与计算机同时诞生，属于第一代计算机语言。机器语言在形式上是由"0"和"1"构成的一串二进制代码，有一定的位数，并被分成若干段，各段的编码表示不同的含义。用机器语言编写的程序不必通过任何翻译处理，计算机就能够直接识别和执行。机器语言具有灵活、直接执行和速度快等特点。不同型号的计算机其机器语言是不相通的，按照一种计算机的机器指令编制的程序，不能在另一种计算机上执行。例如运行在 IBM PC 机上的机器语言程序不能在 51 单片机上运行。

机器指令由操作码和操作数组成，操作码指出要计算机进行什么样的操作，操作数指出完成该操作的数或该数在内存中的地址。

例如，计算 1+2 的机器语言程序如下：

```
10110000 00000001      ；将 1 存入寄存器 AL 中
00000100 00000010      ；将 2 与寄存器 AL 中的值相加，结果放在寄存器 AL 中
11110100               ；停机
```

由此可见，用机器语言编写程序时，编程人员首先要熟记所用计算机的全部指令代码和代码的含义，必须自己处理每条指令和每一数据的存储分配与输入/输出，还需要记住编程过程中每步所使用的工作单元处在何种状态。这是一件十分烦琐的工作，编写程序花费的时间很长。而且，用机器语言编写的程序全是些 0 和 1 的指令代码，直观性差，难学，难记，易出错，无特征，难检查，难修改，属于低级语言。

2. 汇编语言

汇编语言(Assembly Language)也是面向机器的程序设计语言。为了克服机器语言的缺点，人们采用了有助于记忆的符号(称为指令助记符)与符号地址来代替机器指令中的操作码和操作数。指令助记符是一些有意义的英文单词的缩写和符号，如用 ADD(Addition)表示

加法，用 SUB(Subtract)表示减法，用 MOV(Move)表示数据的传送，等等。而操作数可以直接用十进制数书写，地址码可以用寄存器名、存储单元的符号地址等表示。这种表示计算机指令的语言称为汇编语言。

例如，上述计算 1+2 的汇编语言程序如下：

```
MOV    AL,1    ；将 1 存入寄存器 AL 中
ADD    AL,2    ；将 2 与寄存器 AL 中的值相加，结果放在寄存器 AL 中
HLT            ；停机
```

由此可见，汇编语言克服了机器语言难读难改的缺点，同时保持了占存储空间小、执行速度快的优点，因此许多系统软件的核心部分仍采用汇编语言编制。但是，汇编语言仍是一种面向机器的语言，每条汇编命令都一一对应于机器指令，而不同的计算机在指令长度、寻址方式、寄存器数目等方面都不一样，因此汇编语言通用性差，可读性也较差。

3. 高级语言

高级语言是更接近自然语言、数学语言的程序设计语言，是面向应用的计算机语言，与具体的机器无关。面向过程的高级语言的优点是符合人类叙述问题的习惯，而且简单易学。高级语言与计算机的硬件结构及指令系统无关，它有更强的表达能力，可方便地表示数据的运算和程序的控制结构，能更好地描述各种算法，而且容易学习和掌握，但高级语言编译生成的程序代码一般比用汇编程序语言设计的程序代码要长，执行的速度也慢。

例如，上述计算 1+2 的 BASIC 语言程序如下：

```
A=1+2    ；将 1 加 2 的结果存入变量 A 中
PRINT A  ；输出 A 的值
END      ；程序结束
```

这个程序和我们平时的数学思维是相似的，非常直观易懂，容易记忆。

相对面向机器的低级语言，高级语言具有以下优点：

(1) 高级语言更接近人类自然语言，易学、易掌握。

(2) 高级语言为程序员提供了结构化程序设计的环境和工具，使设计出来的程序可读性好，可维护性强，可靠性强。

(3) 高级语言程序设计与具体的计算机硬件关系不大，因而所写的程序可移植性好，重用率高。

(4) 高级语言将繁琐的事物交给编译程序去做，自动化程度高，开发周期短。

高级语言分为面向过程和面向对象的语言两种。

1) 面向过程的高级语言

面向过程(Procedure Oriented)的程序设计是以要解决的问题为核心，分析问题中所涉及的数据及数据之间的逻辑关系(数据结构)，进而确定解决问题的方法(算法)。因此，使用面向过程的语言编程时，编程者的主要精力放在算法过程的设计和描述上。由于面向过程的程序设计语言是以要解决的问题为核心编程，因此如果问题稍微发生改变，就需要重新编写程序。在 20 世纪 70 年代和 80 年代，大多数流行的高级语言都是面向过程的程序设计语言，如 Basic、Fortran、Pascal 和 C 等。

2) 面向对象的高级语言

面向对象(Object-Oriented)的程序设计出发点是为了能更直接地描述问题域中客观存在的事物(即对象)以及它们之间的关系，是以对象作为程序基本结构单位的程序设计语言。面向对象程序设计的核心是对象，把世界上的任何一个个体都看成是一个对象，每个对象都有自己的特点。面向对象技术追求的是软件系统对现实世界的直接模拟，是将现实世界中的事物直接映射到软件系统的解空间。常见的面向对象的程序设计语言包括 C++、Python、Java 和 Smalltalk 等。

在面向对象的程序设计语言中，可以把程序描述为如下的公式：

$$程序 = 对象 + 消息$$

面向对象的编程语言使程序能够比较直接地反映客观世界的本来面目，并且使软件开发人员能够运用人类认识事物所采用的一般思维方法来进行软件开发。面向对象语言刻画客观世界较为自然，便于软件扩充与复用。

以上各种语言各有优缺点，程序员在使用时，需根据应用场合选用。一般在实时控制中，特别是在对程序的空间和时间要求很高，需要直接控制设备的场合，通常采用汇编语言；在系统程序设计、多媒体应用、数据库等诸多领域采用面向对象语言比较合适。本书采用 Python 程序设计语言为背景，介绍程序设计的基本概念和方法。

1.2　Python 语言概述

Python 是一门面向对象的解释型高级程序设计语言，是一种脚本解释语言。Python 语言诞生至今已发展为一门功能强大的通用型语言，它不仅开源，而且支持命令式编程、面向对象程序设计和函数式编程，包含丰富且易理解的标准库和扩展库，可以快速生成程序的原型，帮助开发者高效地完成任务。Python 语言在设计上坚持清晰划一的风格，借鉴了简单脚本和解释语言的易用性，它的简洁、易读、易维护以及可扩展性，使其在科学计算领域受到国内外的广泛关注。Python 语言能够与多种程序设计语言完美融合，被称为胶水语言。它能够实现与多种编程语言的无缝拼接，充分发挥各种语言的编程优势。

1.2.1　Python 语言的发展

Python 自 1989 年推出至今已有二十多年的历史，其发展成熟且稳定。第一个 Python 编译器于 1991 年诞生，它既继承了传统语言的强大性和通用性，也具有脚本解释程序的易用性。

Python 是荷兰国家数字与计算机科学研究院的研究员吉多·范罗苏姆(Guido van Rossum)创建的。1989 年圣诞节期间，在阿姆斯特丹，吉多为了打发圣诞节的无趣，决心开发一个新的脚本解释程序，做为 ABC 语言的一种继承。之所以选择 Python(大蟒蛇)作为该编程语言的名字，是因为吉多是一个叫 Monty Python 大蟒蛇飞行马戏团的爱好者。

ABC 是由吉多参加设计的一种教学语言，吉多认为 ABC 语言非常优美和强大，是专门为非专业程序员设计的。但是 ABC 语言并没有成功，究其原因，吉多认为是其非开放性造成的。吉多决心在 Python 中避免这一错误，同时实现在 ABC 中闪现过但未曾实现的东西。可以说，Python 是从 ABC 发展起来的，主要受到了 Modula-3 的影响，并且结合了 Unix shell 和 C 的习惯。

1.2.2 Python 语言的特点

1. 面向对象

Python 是完全面向对象的语言。面向对象编程支持将特定的功能与所要处理的数据相结合，即程序围绕着对象构建。如函数、模块、数字、字符串都是对象，并且完全支持继承、重载、派生、多继承，有益于增强代码的复用性。Python 借鉴了多种语言的特性，支持重载运算符和动态类型。

2. 丰富的数据类型

除了提供整型、浮点型、布尔类型等基本数据类型之外，Python 语言还提供了列表、元组、集合、字典、字符串等复合数据类型。利用这些数据类型，可以更方便地解决实际问题，简化程序设计，缩短代码长度，并且简明易懂，方便维护。

3. 可移植性

由于 Python 的开源特性，它已经被移植在许多平台上。如果在编程时多加留意系统特性，小心地避免使用依赖于系统的特性，那么所有 Python 程序无需修改就可以在各种平台上面运行。这些平台包括 Linux、Windows、FreeBSD、Macintosh、Solaris、OS/2、Amiga、AROS、AS/400、BeOS、OS/390、z/OS、Palm OS、QNX、VMS、Psion、Acom RISC OS、VxWorks、PlayStation、Sharp Zaurus、Windows CE、PocketPC、Symbian 等。

4. 解释性

Python 是一种解释性语言，在开发过程中没有编译环节。使用 Python 语言编写的程序不需要编译成二进制代码，可直接从源代码运行程序。在计算机内部，Python 解释器把源代码转换成近似机器语言的中间形式字节码，然后再把它翻译成计算机使用的机器语言并运行，使 Python 程序更简单、更加易于移植，从而改善了 Python 的性能。

5. 可扩展性

如果需要一段关键代码运行更快或者希望某些算法不公开，可以部分程序用 C 或 C++ 编写，然后在 Python 程序中使用它们，从而实现对 Python 程序的扩展。Python 本身被设计为可扩充的，提供了丰富的 API 和工具，其标准实现是使用 C 完成的(CPython)，程序员能够轻松地使用 C 语言、C++来编写 Python 扩充模块，缩短开发周期。Python 编译器本身也可以被集成到其他需要脚本语言的程序内，因此很多人还把 Python 作为一种"胶水语言"(Glue Language)使用，可以用 Python 将其他语言编写的程序进行集成和封装。

6. 丰富的库

Python 有数百个标准库模块，包括 sys 模块、os 系统模块、re 模式匹配模块、字符串模块等。标准库可以帮助用户快速实现一些功能，不必重复开发已有的代码，可以提高效率和代码质量。除了标准库，Python 还提供了大量高质量第三方库，可以在 Python 包索引找到它们。Python 的第三方库使用方式与标准库类似，功能强大，提供了数据挖掘、大数据分析、图像处理等功能。

7. 健壮性

Python 提供了安全合理的异常退出机制，能捕获程序的异常情况，允许程序员在错误发生的时候根据出错条件提供处理机制。一旦异常发生，Python 解释器会转出一个包含使程序发生异常的全部可用信息到堆栈并进行跟踪，此时程序员可以通过 Python 监控这些异常并采取相应措施。

1.3 Python 语言开发环境

Python 是跨平台编程语言，可以兼容很多平台。这里以 Windows 平台为例，介绍下载和安装 Python 开发环境的方法。

1.3.1 Windows 环境下安装 Python 开发环境

(1) 在 Python 官网 https://www.python.org/ 下载安装包，选择 Windows 平台下的安装包，如图 1.1 所示。

图 1.1　Python 安装包下载

(2) 单击图 1.1 中的 Python 3.7.0 下载，下载后的文件名为 Python-3.7.0.exe。双击该文件，进入 Python 安装界面，如图 1.2 所示。

图 1.2　选择安装方式

在图 1.2 中，提示有两种安装方式。第一种是采用默认的安装方式；第二种是自定义方式，可以选择软件的安装路径及安装包。这两种安装方式可任选其一。

(3) 这里选择第一种安装方式，安装过程如图 1.3 所示。

(4) 安装成功后，提示信息如图 1.4 所示。

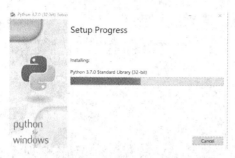 

图 1.3　Python 安装过程　　　　　　　图 1.4　安装成功的信息提示

注意：在图 1.2 中选择安装方式时，最下面有个选项【Add Python 3.7 to PATH】，如果勾选了该选项，那么后续配置环境的步骤可以省略。如果没有勾选，安装完 Python 之后就需要手动配置环境变量。

(5) 手动添加环境变量。鼠标右击【计算机】→【属性】→【高级】，弹出如图 1.5 所示【系统属性】对话框。

(6) 单击图 1.5 中的【环境变量】，在弹出的【环境变量】对话框中，选择环境变量中的【Path】，如图 1.6 所示。

图 1.5　系统属性设置图　　　　　　　图 1.6　设置环境变量

(7) 单击图 1.6 中的【编辑】按钮，弹出【编辑环境变量】对话框，如图 1.7 所示。单击图 1.7 中的【新建】按钮，在增加的一行编辑框中输入 Python 的安装路径，如图 1.8 所示。最后单击【确定】按钮，完成环境变量的配置。

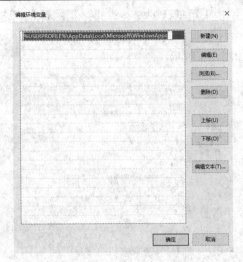 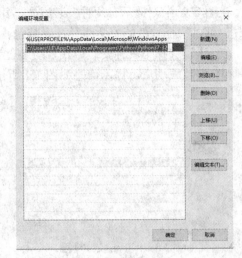

图 1.7   编辑环境变量   图 1.8   新建环境变量

(8) 此时，在控制台输入 Python 命令，系统会输出 Python 的版本信息，如图 1.9 所示。

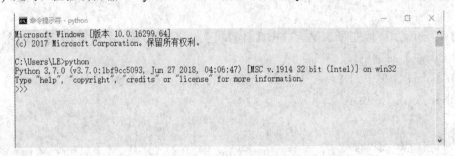

图 1.9   环境变量配置成功后输出的 Python 版本信息

(9) 安装 Python 的包管理工具 pip。在 Python 官网 https://pypi.python.org/pypi/pip#downloads 下载 pip 安装包。下载完成之后，解压 pip 安装包到一个文件夹，从控制台进入解压目录，输入下列命令安装 pip：

python setup.py install

(10) 安装完成之后，按照配置 python 环境变量的方法，对 pip 环境变量进行设置。

(11) 设置环境变量之后，打开控制台，输入 pip list，控制台输出结果如图 1.10 所示，此时 pip 安装完成。

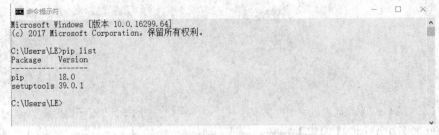

图 1.10   pip 安装及配置成功的输出结果

1.3.2　运行第一个 Python 程序

完成 Python 的安装之后，就可以开始编写 Python 代码并运行 Python 程序了。Python 程序主要的运行方式有交互式和文件式两种。交互式是指 Python 解释器及时响应用户输入的每条代码，给出运行结果。文件式是指用户将 Python 程序写入一个或多个文件中，然后启动 Python 解释器批量执行文件中的代码。下面以输出"Hello World"为例说明两种方法的启动和执行过程。

1. 交互式

进入 Python 交互性环境有两种方法。

第一种方法是启动 Windows 操作系统，打开开始菜单，输入 cmd 之后，进入命令行窗口，在控制台中输入"Python"，键入【Enter】键进入交互式环境中，在命令提示符">>>"后输入如下程序代码：

```
print("Hello World!")
```

按【Enter】键执行，得到运行结果，如图 1.11 所示。

图 1.11　通过命令行启动 Python 交互式环境

第二种方法是调用安装的 Python 自带的 IDLE 启动交互式窗口。启动之后在命令提示符">>>"后输入代码，再按【Enter】键执行，得到的运行结果如图 1.12 所示。

图 1.12　通过 IDLE 启动 Python 交互式环境

在交互式环境中，输入的代码不会被保存下来。关闭 Python 得到运行窗口之后，之前输入的代码不会被保存。在交互式环境中按下键盘中的【↑】【↓】键，可以寻找历史命令，这仅是短暂性的记忆。退出程序之后，这些命令将不复存在。

2. 文件式

Python 的交互式执行方式又称为命令式执行方式。如果需要执行多个语句，使用交互式就显得不方便了。通常的做法是将语句写到一个文件中，然后再批量执行文件中的全部语句，这种方式称为文件式执行方式。在 Python 程序编辑窗口执行 Python 程序过程如下：

(1) 打开 IDLE，选择【File】→【New File】命令或按【Ctrl+N】快捷键，打开 Python 程序编辑窗口。

(2) 在 Python 程序编辑窗口输入如下程序代码：

```
print("Hello World!")        #输出 Hello World!
```

(3) 语句输入完成后，在 Python 程序编辑窗口选择【File】→【Save】命令，确定文件保存位置和文件名，例如 "d:\Pycode\hello.py"。

(4) 在 Python 程序编辑窗口选择【Run】→【Run Module】命令或按 F5 快捷键，运行程序并在 Python IDLE 中输出运行结果。

以上过程第(2)个步骤中程序代码中的 "#" 及其后面的文字是注释，用来标注该出代码的作用。Python 中的注释有三种形式：

1) 单行注释

"#" 被用于单行注释。在代码中使用 "#" 时，该符号右边的任何数据都会被忽略，当做是注释。例如：

```
print("Hello World!")        #输出 Hello World!
```

"#" 右边的内容在执行的时候是不会被输出的。

2) 多行注释

在 Python 中也会有注释为很多行的时候，这种情况下就需要使用批量多行注释符。多行注释是用一对三引号包含的，可以是三对单引号，也可以是三对双引号。

例如：

```
'''
print("Hello World!")
输出 Hello World!
'''
```

3) 中文注释

在用 Python 语言编写代码的时候，如果用到中文，需要在文件开头加上中文注释。如果程序开始不声明保存编码的格式是什么，则会默认使用 ASCII 码保存文件，这时如果代码中有中文就会出错。中文注释方法如下：

```
#coding=utf-8
```

或者：

```
#coding=gbk
```

注： 对于单行代码或输出结果为讲解少量代码的情况，本书采用 IDLE 交互式(以 ">>>" 开头)方式进行描述；对于讲解整段代码的情况，采用 IDLE 文件式。

1.3.3　集成开发环境——PyCharm 安装

PyCharm 是一款跨平台的 Python IDE(Integrated Development Environment，集成开发环境)，具有一般 IDE 具备的功能，如调试、语法高亮、Project 管理、代码跳转、智能提示、自动完成、单元测试、版本控制等。此外，PyCharm 还提供了一些良好的可用于 Django 开发的功能，同时支持 Google App Engine 和 IronPython。

访问 PyCharm 官网 https://www.jetbrains.com/pycharm/download/，进入 PyCharm 下载页面，如图 1.13 所示。

图 1.13　PyCharm 下载页面

在图 1.13 中，可以根据不同的平台下载 PyCharm，每个平台都可以选择下载 Professional 和 Community 两个版本。

建议选择下载 Professional 版本。这里以 Windows 平台为例，介绍安装 PyCharm 的步骤。

(1) 双击下载的 "pycharm-professional-2018.2.exe" 文件，进入 PyCharm 安装界面，如图 1.14 所示。

图 1.14　进入 PyCharm 安装界面

(2) 单击图 1.14 中的【Next>】按钮，进入选择安装路径界面，如图 1.15 所示。

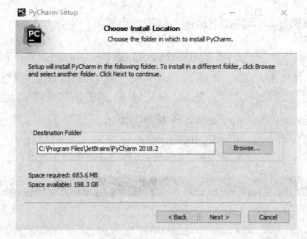

图 1.15　选择安装路径

(3) 单击图 1.15 中的【Next>】按钮，进入文件配置界面，如图 1.16 所示。

(4) 单击图 1.16 中的【Install>】按钮，进入选择安装路径界面，如图 1.17 所示。

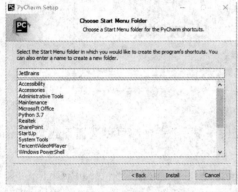

图 1.16　文件配置　　　　　　　　　　　　图 1.17　选择启动菜单

(5) 单击图 1.17 中的【Next>】按钮，开始安装 PyCharm，如图 1.18 所示。

(6) 安装完成界面如图 1.19 所示。单击【Finish】按钮即可完成安装。

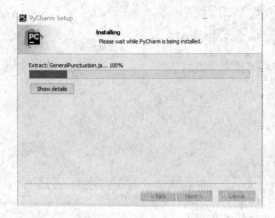

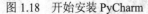

图 1.18　开始安装 PyCharm　　　　　　　　图 1.19　PyCharm 安装完成

1.3.4　PyCharm 的使用

PyCharm 安装完成之后，就可以打开使用了。双击桌面快捷方式 PC 图标，开始使用 PyCharm。

(1) 首次使用，会提示用户选择是否导入开发环境配置文件，如图 1.20 所示，这里选择不导入。

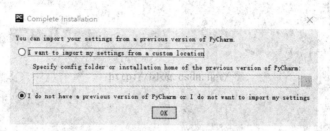

图 1.20　选择是否导入环境配置文件

(2) 单击图 1.20 中的【OK】按钮，弹出提示用户阅读并接受协议界面，如图 1.21 所示。

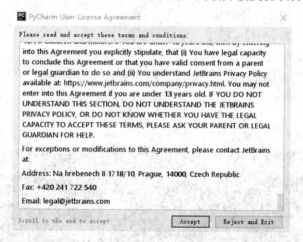

图 1.21　提示用户接受协议

(3) 单击图 1.21 中的【Accept】按钮，进入数据共享界面，如图 1.22 所示。

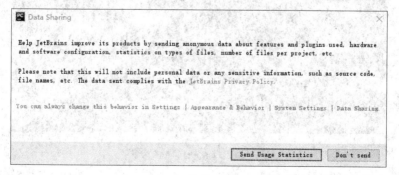

图 1.22　数据共享

(4) 单击图 1.22 中的【Don't send】按钮，提示用户激活软件，如图 1.23 所示。

(5) 在图 1.23 中选择【Evaluate for free】选项，点击【Evaluate】按钮，启动 PyCharm，进入创建项目界面，如图 1.24 所示。

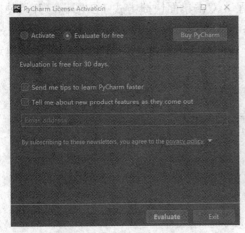

图 1.23　激活软件　　　　　　　　　　图 1.24　启动 PyCharm

图 1.24 中有三个选项，分别是：

- 【Create New Project】：创建一个新项目。
- 【Open】：打开已经存在的项目。
- 【Check out from Version Control】：从控制版本中检出项目。

(6) 这里选择创建一个新项目，单击【Create New Project】，进入项目设置界面，如图 1.25 所示。

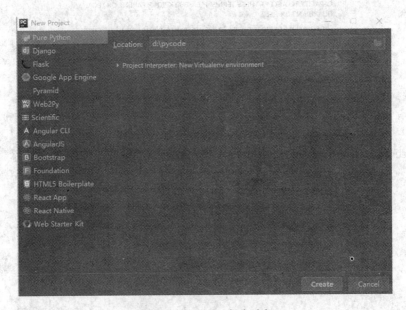

图 1.25　设置项目保存路径

(7) 在图 1.25 中的【Location】中填写项目保存的路径之后，点击【Create】按钮，进入项目欢迎界面，如图 1.26 所示。

图 1.26　项目创建成功欢迎界面

(8) 在图 1.26 中点击【Close】按钮，进入项目开发界面，此时，需要在项目中创建 Python 文件。选择项目名称，单击鼠标右键，在弹出的快捷菜单中选择【New】→【Python File】，如图 1.27 所示。

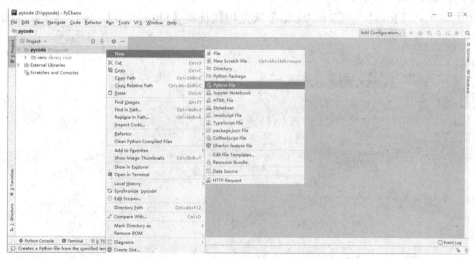

图 1.27　新建 Python 文件

(9) 为新建的 Python 文件命名，如图 1.28 所示。

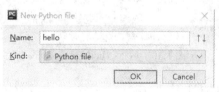

图 1.28　给 Python 文件命名

(10) 在图 1.28 的【Name】文本框中输入文件名，例如"hello"，点击【OK】按钮，创建的文件如图 1.29 所示。

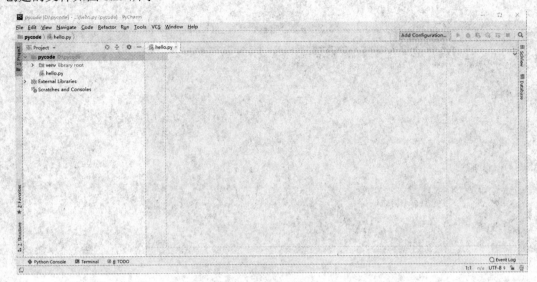

图 1.29　Python 新文件"hello.py"

(11) 在图 1.29 右边的文本框中输入以下语句：

```
print("Hello World!")
```

单击菜单栏【Run】→【Run 'hello'】或使用快捷键【Shift+F10】，运行程序，如图 1.30 所示。

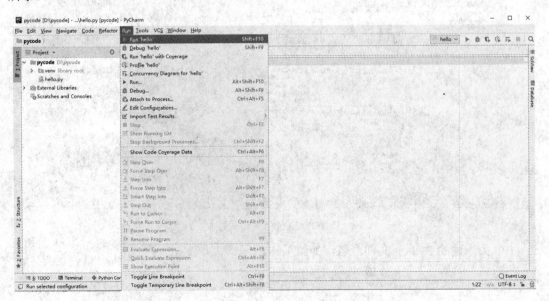

图 1.30　运行"hello.py"程序

(12) 程序的运行结果如图 1.31 所示。

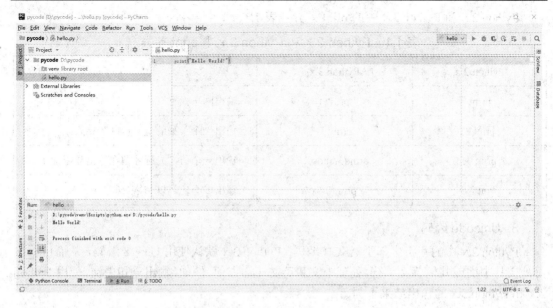

图 1.31　程序"hello.py"运行结果

1.4　Python 开发版本

Python 发展到现在,经历了多个版本。在 Python 官方网站上同时提供了 Python 2.x 和 Python 3.x 两个不同系列的版本,并且相互之间不兼容。目前 Python 2.x 已经不再进行功能开发,只进行 bug 修复、安全增强以及维护等工作,以便开发者能顺利从 Python 2.x 迁移到 Python 3.x。Python 3.x 对 Python 2.x 的标准库进行了一定程度的重新拆分和整合,能兼容大部分 Python 开源代码。

与 Python 2.x 版本相比较,Python 3.x 在语句输入/输出、编码、运算等方面做出了一些调整。本书大部分的范例代码都遵循 Python 3.x 语法。

1. input()函数

Python 3.x 去掉了 raw_ input()函数,用 input()替代 raw_ input()函数返回一个字符串。input()函数在 Python 2.x 和 Python 3.x 中的详细使用见 3.3.1 小节。

2. print()函数

在 Python 3.x 中,用 print()函数替代了 Python 2.x 中 print 语句。

Python 2.x:

```
>>>print "Hello World!"
Hello World!
```

Python 3.x:

```
>>> print("Hello World!")
Hello World!
```

Python 2.x 和 Python 3.x 中的 print 差异见表 1.1。

表 1.1　Python 2.X 和 Python 3.x 中 print 差异

Python 2.x	Python 3.x	功　　能
print	print()	输出回车换行
print 3	print(3)	输出一个单独的值，以回车结束
print 3,	print(3,end='')	输出一个值，光标停留在输出数据行尾
print 3,5	print(3,5)	输出多个值，以空格分割

3. Unicode 编码

Python 2.x 中的字符串基于 ASCII 编码；Python 3.x 默认使用 UTF-8 编码，从而可以很好地支持中文或其他英文字符，处理中文和英文一样方便。例如，输出一句中文，使用 Python 2.x 和 Python 3.x 的输出结果不同。

Python 2.x：

```
>>> str="中华人民共和国"
>>> str
'\xd6\xd0\xbb\xaa\xc8\xcb\xc3\xf1\xb9\xb2\xba\xcd\xb9\xfa'
```

Python 3.x：

```
>>> str="中华人民共和国"
>>> str
'中华人民共和国'
```

4. 除法运算

Python 的除法运算包括/和//两个运算符。

1) /运算符

在 Python 2.x 中，进行/运算时，整数相除的运算结果是一个整数，浮点数相除的运算结果是一个浮点数。在 Python 3.x 中，整数相除的结果也是一个浮点数。例如：

Python 2.x：

```
>>>5/3
1
>>>5/3.0
1.6666666666666667
```

Python 3.x：

```
>>> 5/3
1.6666666666666667
>>> 5.0/3
1.6666666666666667
```

2) //运算符

使用//运算符进行的除法运算称为 floor 除法，这种除法会对结果自动进行一个 floor 操作。使用//运算符进行的除法运算，在 Python 2.x 和 Python 3.x 中是一致的。

>>> 5//3

1

5. 数据类型

Python 3.x 中数据类型改变如下：

(1) Python 3.x 去掉了长整数类型 long，不再区分整数和长整数类型，只有一个 int 类型。int 类型无取值范围限定。

(2) Python 3.x 新增了 bytes 类型，对应于 Python 2.x 版本的八位串。定义一个 bytes 字面量的方法如下：

>>> a_bytes=b'Python'

>>> a_bytes

b'Python'

>>> type(a_bytes)

<class 'bytes'>

bytes 对象和 str 对象可以使用 encode()和 decode()方法相互转化。例如：

>>> b_str=a_types.decode()　　　　#将 types 类型转换成 str 类型

>>> b_str

'Python'

>>> c_types=b_str.encode()　　　　#将 str 类型转换成 types 类型

>>> c_types

b'Python'

6. 异常处理

在 Python 3.x 中，异常处理与 Python 2.x 的不同地方主要有：

(1) 在 Python 2.x 中，捕获异常的语法是"Exception exc, var"。在 Python 3.x 中，引入了 as 关键字，捕获异常的方法改为"Exception exc as var"，使用语法 Exception(exc1, exc2) as var 可以同时捕获多种类别的异常。

(2) 在 Python 2.x 中，处理异常的语法是"raise Exception, args"。在 Python 3.x 中，处理异常的方法改为"raise Exception(args)"。

(3) 在 Python 2.x 中，所有类型的对象都是可以被直接抛出的。在 Python 3.x 中，只有继承自 BaseException 的对象才可以被抛出。

7. 不等于运算符

Python 2.x 中，不等于运算符有!=和<>两种写法；Python3.x 中去掉了<>，只有! =一种写法。

8. 八进制形式

Python 2.x 中，八进制以 0 开头；Python 3.x 中，八进制以 0o 开头。

练 习 题

1. 与其他程序设计语言相比 Python 有哪些特点？

2. 如何快速判断一个 Python 代码是 Python 2.x 版本还是 Python 3.x 版本？

3. 编写程序，输出以下信息：

```
***************
How are you!
***************
```

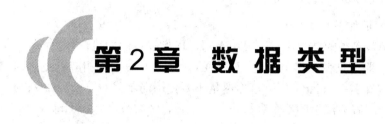

程序设计的目的是通过对信息的获取、操作、处理来解决实际问题。程序处理的对象是数据，编写程序也就是描述对数据的处理过程。数据是程序加工、处理的对象，也是加工的结果，因此数据是程序设计中所要涉及和描述的主要内容。学习程序设计，必须掌握的内容有数据类型、数据的输入、数据处理、数据输出；在对程序处理的过程中，必须掌握的方法有程序的顺序执行、条件执行、循环执行和函数等。数据类型是程序设计语言学习的基础，数据是程序处理的基本对象，如何编写出最好的 Python 语言程序和在程序中描述数据，是学好 Python 语言程序设计的关键。本章主要介绍基本数据类型、运算符和表达式。

2.1 标识符、常量和变量

Python 语言在处理数据时，将其分为常量与变量，分别用于表示确定和不确定的数据。每个常量或变量都属于某种数据类型。Python 语言在处理常量和变量时，都是使用内存中具有特定属性的存储单元来存放数据，但两者的差别是：存储常量的内存单元，其值在程序运行中是不能被改变的；而存储变量的内存单元，其值在程序运行中是允许改变的。

2.1.1 标识符

标识符是一个字符序列，在程序中用来标识常量名、变量名、函数名等。不同的计算机语言，标识符的命名规则有所不同。

标识符只能由字母(A~Z、a~z)、数字(0~9)和下划线(_)组成，且第一个字符必须是字母或下划线。

以下是合法的标识符：

    x，a1，Date，num_1，radius，_1，student

以下是不合法的标识符：

first-name(使用了非法字符-)，5sum(以数字开头)，True(与 Python 关键字相同)

在 Python 中，大写字母和小写字母是两个不同的字符，因此 Name 与 name 是不同的标识符。

在 Python 中，单独的下划线(_)用于表示上一次运算的结果。例如：

    >>> 2*3

6

　　　　　>>> _+10　　　　#下划线代表在本次运算中使用上一次的运行结果 6

　　　　　16

标识符的命名习惯如下：

(1) 变量名和函数名中的英文字母一般用小写，以增加程序的可读性。

(2) 见名知义，即通过变量名就知道变量值的含义。一般选用相应英文单词(或缩写)的形式，例如 name(姓名)、salary(工资)，而尽量不要使用简单代数符号，如 x、y、z 等。

(3) 尽量不要使用容易混淆的单个字符作为标识符，例如数字 0 和字母 o，数字 1 和字母 l 等。

(4) 开头和结尾都使用下划线的情况应该避免，因为 Python 中大量采用这种名字定义了各种特殊方法和变量。

(5) 自定义的标识符不能与关键字同名。关键字又称为保留字，是 Python 语言中用来表示特殊含义的标识符，由系统提供，是构成 Python 语法的基础。

可以在使用 import 语句导入 keyword 模块之后，使用 print(keyword.kwlist)语句查看 Python 语言提供的所有关键字。在 Python 3.x 中共有 33 个关键字。查看关键字的语句如下：

　　　　　>>>import keyword

　　　　　>>> print(keyword.kwlist)

　　　　　['False', 'None', 'True', 'and', 'as', 'assert', 'break', 'class', 'continue', 'def', 'del', 'elif', 'else', 'except', 'finally', 'for', 'from', 'global', 'if', 'import', 'in', 'is', 'lambda', 'nonlocal', 'not', 'or', 'pass', 'raise', 'return', 'try', 'while', 'with', 'yield']

也可以使用 keyword.iskeyword (word)的方式查看 word 是否为关键字。待判断的 word 如果是 Python 的关键字，则返回 True，否则返回 False。例如：

　　　　　>>> keyword.iskeyword ('and')

　　　　　True　　　　　　　　#判断结果输出，'and'是 python 的关键字

　　　　　>>> keyword.iskeyword ('int')

　　　　　False　　　　　　　#判断结果输出，'int'不是 python 的关键字

2.1.2　常量

像 3.14、0、−519 等数据代表固定的常数，这些在程序的运行过程中，其值不能改变的量称为常量。

在基本数据类型中，常量按其值的表示形式可分为整型、实型、字符型、布尔型和复数类型。

例如：−123、20 是整型常量，3.14、0.15、−2.0 是实型常量，' Python'、' Hello World!' 是字符串常量，True 是布尔型常量，3+2.5j 是复数类型常量。

2.1.3　变量

在程序运行过程中，值可以改变的量称为变量。变量在程序中使用变量名表示，变量的命名规则必须符合标识符的规定。

1. 变量

在 Python 中变量不需要声明，直接赋值即可创建各种类型的变量。Python 是动态类型的，每个变量包含的三个基本要素分别是 id(身份标识)、python type()(数据类型)和 value(值)。例如：

>>>x=5

创建了整型变量 *x*，对其赋值为 5，如图 2.1 所示。

图 2.1　变量连接到对象

对该语句，Python 将会执行三个步骤去完成这个请求，这些步骤反映了 Python 语言中所有赋值的操作：

(1) 创建一个对象来代表值 5；

(2) 创建一个变量 *x*，如果它还没有创建的话。

(3) 将变量与新的对象 5 相连接。

在 Python 中从变量到对象的连接称为引用。Python 的赋值引用在 2.3.2 节将详细介绍。

2. 与变量属性相关的内置函数

1) type()函数

type( )函数用于返回变量的类型，函数调用的一般形式为：

type(变量名)

>>>type(x)

<class 'int'>

以上语句采用内置函数 type()返回变量 x 的类型 int。

注意：Python 是一种动态类型语言，即变量的类型可以随时变化。例如：

>>>x=5

>>>type(x)

<class 'int'>

>>>x="Hello World! "

>>>type(x)

<class 'str'>

>>>x=(1,2,3)

>>>type(x)

<class 'tuple'>

在上例中，首先通过赋值语句"x=5"创建了整型变量 x，然后又分别通过赋值语句"x="Hello World!""和"x=(1,2,3)"创建了字符串和元组类型的变量 x。当创建了字符串类型变量 x 之后，之前创建的整型变量 x 就自动失效了；创建了元组类型变量 x 之后，之前创建的字符串类型变量 x 就自动失效了。也就是在显式修改变量类型或者删除变量之前，变量将一直保持上次的类型。

2) id()函数

id()函数用于返回变量的地址，函数调用的一般形式为：

　　id(变量名)

例如：

　　>>> str="Hello World!"

　　>>> id(str)

　　48768128

3) isinstance()函数

isinstance()函数用来判断一个对象是否是一个已知的类型，类似于 type()。函数调用的一般形式为：

　　isinstance(对象，类型名)

其中第一个参数为判断的对象，第二个参数为类型名或类型的列表。返回值为 True 或 False。如果对象的类型与第二个参数的类型相同则返回 True，否则返回 False；如果第二个参数是一个元组，则对象类型与元组中类型名之一相同即返回 True。例如：

　　>>> a=5

　　>>> isinstance(a,int)

　　True

　　>>> isinstance(a,str)

　　False

　　>>> isinstance(a,(float,int,str))　　　　#函数第二个参数是一个元组

　　True

isinstance()与 type()的区别主要在于判断继承关系[①]时，二者判断结果不同：

(1) type()不会认为子类是一种父类类型，不考虑继承关系。

(2) isinstance() 会认为子类是一种父类类型，考虑继承关系。

如果要判断两个类型是否相同，推荐使用 isinstance()。

2.2　Python 的基本数据类型

数据是人们用来描述事物及它们相关特性的符号记录。程序所能处理的基本数据对象被划分成一些组，或者说是一些集合。属于同一集合的各数据对象具有相同的性质，例如对它们能够做同样的操作，它们都采用同样的编码方式等。我们把程序设计语言中具有这样性质的数据集合称为数据类型。

计算机硬件也把被处理的数据分成一些类型，例如整型、浮点型等。CPU 对不同的数据类型提供了不同的操作指令，程序设计语言中把数据划分成不同的类型也与此有着密切的关系。在程序设计语言中，采用数据类型来描述程序中的数据结构、数据的表示范围和数据在内存中的存储分配等。可以说数据类型是计算机领域中一个非常重要的概念。

---

① "继承"相关知识在 11.4 节进行介绍。

Python 的数据类型包括基本数据类型、列表、元组、字典、集合等。本节主要介绍 Python 中整型、实型、字符型、布尔型和复数等基本数据类型。

2.2.1　整型数据

整型数据即整数，不带小数点，可以有正号或者负号。在 Python 3.x 中，整型数据在计算机内的表示没有长度限制，其值可以任意大。例如：

>>> a=12345678900123456789

>>> a*a

152415787504953525750053345778750190521

Python 中整型常量可用十进制、二进制、八进制和十六进制 4 种形式表示。

1) 十进制常数

十进制常数由 0 至 9 的数字组成，如-123、0、10，但不能以 0 开始。

以下各数是合法的十进制常数：

237，-568，1627

以下各数是不合法的十进制常数：

023(不能有前缀 0)，35D(不能有非十进制数码 D)

2) 二进制常数

二进制常数以 0b 为前缀，其后由 0 和 1 组成。如 0b1001 表示二进制数 1001，即$(1001)_2$，其值为 $1 \times 2^3 + 0 \times 2^2 + 0 \times 2^1 + 1 \times 2^0$，即十进制数 9。

以下各数是合法的二进制数：

0b11(十进制为 3)，0b111001(十进制为 57)

以下各数是不合法的八进制数：

101(无前缀 0b)，0b2011(不能有非二进制码 2)

3) 八进制常数

八进制常数以 0o 为前缀，其后由 0 至 7 的数字组成。如 0o456 表示八进制数 456，即$(456)_8$，其值为 $4 \times 8^2 + 5 \times 8^1 + 6 \times 8^0$，即十进制数 302；-0o11 表示八进制数-11，即十进制数-9。

以下各数是合法的八进制数：

0o 15(十进制为 13)，0o 101(十进制为 65)，0o 0177777(十进制为 65 535)

以下各数是不合法的八进制数：

256(无前缀 0)，0o 283(不能有非八进制码 8)

4) 十六进制常数

十六进制常数以 0x 或 0X 开头，其后由 0 至 9 的数字和 a 至 f 字母或 A 至 F 字母组成，如 0x7A 表示十六进制数 7A，即$(7A)_{16} = 7 \times 16^1 + A \times 16^0 = 122$；-0x12 即十进制数-18。

以下各数是合法的十六进制数：

0x1f(十进制为 31)，0xFF(十进制为 255)，0x201(十进制为 513)

以下各数是不合法的十六进制数：

8C(无前缀 0x)，0x3H(含有非十六进制数码 H)

注意：在 Python 中是根据前缀来区分各种进制数的，因此在书写常数时不要把前缀弄错，否则会造成结果不正确。

【**例 2.1**】整型常量示例。

```
>>> 0xff
255
>>> 2017
2017
>>> 0b10011001
153
>>> 0b012
SyntaxError: invalid syntax
>>> -0o11
-9
>>> 0xfe
254
```

2.2.2　浮点型数据

浮点型数据与数学中实数的概念一致，表示带有小数的数值。Python 语言要求所有浮点数必须带有小数部分，这种设计可以区分浮点数和整数类型。浮点数有两种表示形式：

1) 十进制小数形式

十进制小数形式由数字和小数点组成(必须有小数点)，如 1.2、.24、0.0 等。浮点型数据允许小数点后没有任何数字，表示小数部分为 0，如 2.表示 2.0。

2) 指数形式

指数形式是指用科学计数法表示的浮点数，用字母 e(或 E)表示以 10 为底的指数，e 之前为数字部分，之后为指数部分。如 123.4e3 和 123.4E3 均表示 123.4×10^3。用指数形式表示实型常量时要注意，e(或 E)前面必须有数字，后面必须是整数。15e2.3、e3 和.e3 都是错误的指数形式。

一个实数可以有多种指数表示形式，例如 123.456 可以表示为 123.456e0、12.3456e1、1.23456e2、0.123456e3 和 0.0123456e4 等多种形式。其中把 1.23456e2 称为规范化的指数形式(也称为科学计数法)，即在字母 e 或 E 之前的小数部分中，小数点左边的部分应有且只有一位非零的数字。一个实数在用指数形式输出时，是按规范化的指数形式输出的。

Python 浮点数的数值范围和小数精度不受计算机系统的限制。可以在使用 import 语句导入 sys 模块之后，使用 sys.float_info 语句查看 Python 解释器所运行系统的浮点数各项参数。语句如下：

```
>>> import sys
>>> sys.float_info
```

sys.float_info(max=1.7976931348623157e+308,　　max_exp=1024,　　max_10_exp=308,　　min=
2.2250738585072014e-308,　min_exp=-1021,　min_10_exp=-307,　dig=15,　mant_dig=53,　epsilon=
2.220446049250313e−16, radix=2, rounds=1)

以上语句的运行结果给出了浮点数类型能表示的最大值(max)、最小值(min)，基数
(radix)为 2 时最大值的幂(max_exp)、最小值的幂(min_exp)，科学计数法表示时最大值的
幂(max_10_exp)、最小值的幂(min_10_exp)，能准确计算的浮点数最大个数(dig)，科学计
数法表示中系数的最大精度(mant_dig)，计算机能分辨的相邻两个浮点数的最小差值
(epsilon)。

对于实型常量，Python 3.x 默认提供 17 位有效数字的精度，相当于 C 语言中双精度浮
点数。例如：

>>> 1234567890012345.0

1234567890012345.0

>>> 12345678900123456789.0

1.2345678900123458e+19

>>> 15e2

1500.0

>>> 15e2.3

SyntaxError: invalid syntax

2.2.3　字符型数据

在 Python 中定义一个字符串可以用一对单引号、双引号或者三引号进行界定，且单引
号、双引号和三引号还可以相互嵌套，用于表示复杂的字符串。例如：

>>> "Let's go"

"Let's go"

>>> s="'Python' Program"

>>> s

"'Python' Program"

用单引号或双引号括起来的字符串必须在一行内表示，用三引号括起来的字符串可以
是多行的。例如：

>>> s='''

'Python' Program

'''

>>> s

"\n'Python' Program\n"

除了以上形式的字符数据外，对于常用却难以用一般形式表示的不可显示字符，Python
语言提供了一种特殊形式的字符常量，即用一个转义标识符 "\" (反斜线)开头的字符序列，
如表 2.1 所示。

表 2.1　Python 常用的转义字符及其含义

字符形式	含　义
\n	回车换行，将当前位置移到下一行开头
\t	横向跳到下一制表位置(Tab)
\b	退格，将当前位置退回到前一列
\r	回车，将当前位置移到当前行开头
\f	走纸换页，将当前位置移到下页开头
\\	反斜线符"\"
\'	单引号符
\"	双引号符
\ddd	1～3 位 8 进制数所代表的字符
\xhh	1～2 位 16 进制数所代表的字符

使用转义字符时要注意：

(1) 转义字符多用于 print()函数中。

(2) 转义字符常量，如 '\n'、'\x86' 等只能代表一个字符。

(3) 反斜线后的八进制数可以不用 0 开头。如 '\101' 代表字符常量 'A'，'\141' 代表字符常量 'a'。

(4) 反斜线后的十六进制数只能以小写字母 x 开头，不允许用大写字母 X 或 0x 开头。

【例 2.2】　转义字符的应用。

```
1  a=1
2  b=2
3  c='\101'
4  print("\t%d\n%d%s\n%d%d\t%s"%(a,b,c,a,b,c))
```

程序的运行结果为：

□□□□□□□□1

2A

12□□□□□□□A

在 print()函数中，首先遇到第一个 "\t"，它的作用是让光标到下一个 "制表位置"，即光标往后移动 8 个单元到第 9 列，然后在第 9 列输出变量 a 的值 1；接着遇到 "\n"，表示回车换行，光标到下行首列的位置，连续输出变量 b 和 c 的值 2 和 A，其中使用了转义字符常量 '\101' 给变量 c 赋值；接着再遇到 "\n"，光标到第三行的首列，输出变量 a 和 b 的值 1 和 2；最后遇到 "\t"，光标到下一个制表位即第 9 列，然后输出变量 c 的值 A。

2.2.4　布尔型数据

布尔举型数据用于描述逻辑判断的结果，有真和假两种值。Python 的布尔类型有 True 和 False(注意要区分大小写)两个值，分别表示逻辑真和逻辑假。

值为真或假的表达式为布尔表达式。Python 的布尔表达式包括关系表达式和逻辑表达式两种，它们通常用来在程序中表示条件，条件满足时结果为 True，不满足时结果为 False。

【例 2.3】布尔型数据示例。

```
>>> type(True)
<class 'bool'>
>>> True==1
True
>>> True==2
False
>>> False==0
True
>>> 1>2
False
>>> False>-1
True
```

布尔类型还可以与其他数据类型进行逻辑运算。Python 规定：0 为空字符串，None 为 False，其他数值和非空字符串为 True。例如：

```
>>> 0 and False
0
>>> None or True
True
>>> "" or 1
1
```

2.2.5 复数类型数据

Python 支持相对复杂的复数类型，与数学中的复数形式完全一致。

复数由实数部分和虚数部分组成，其一般形式为 x + yj，其中 x 是复数的实数部分，y 是复数的虚数部分。注意：虚数部分的后缀字母 j 大小写都可以，如 5 + 3.5j，5 + 3.5j 是等价的。

复数类型中实数部分和虚数部分的数值都是浮点类型。对于复数 z，可以分别用 z.real 和 z.image 获得它的实数部分和虚数部分。例如：

```
>>> x=3+5j      #x 为复数
>>> x           #输出 x 的值
(3+5j)
>>> x.real      #获取复数实部并输出
3.0             #输出结果为浮点型数据
>>> x.imag      #获取复数虚部并输出
5.0             #输出结果为浮点型数据
```

复数类型的数据也可以进行加、减、乘、除运算。例如：

```
>>> x=3+5j        #x 为复数
>>> y=6-10j       #y 为复数
>>> x+y           #复数相加
(9-5j)
>>> x-y           #复数相减
(-3+15j)
>>> x*y           #复数相乘
(68+0j)
>>> x/y           #复数相除
(-0.23529411764705885+0.4411764705882353j)
```

2.3　运算符与表达式

Python 语言提供了丰富的运算符，这些运算符使 Python 语言具有很强的表达能力。

1. 运算符

Python 语言的运算符按照它们的功能可分为：

(1) 算术运算符(+、–、*、/、**、//、%)。

(2) 关系运算符(>、<、>=、<=、= =、!=)。

(3) 逻辑运算符(and、or、not)。

(4) 位运算符(<<、>>、~、|、^、&)。

(5) 赋值运算符(=、复合赋值运算符)。

(6) 成员运算符(in、not in)。

(7) 同一运算符(is、is not)。

(8) 下标运算符([ ])。

(9) 其他(如函数调用运算符())。

2. 表达式

用运算符和括号将运算对象(常量、变量、函数等)连接起来的，符合 Python 语言语法规则的式子，称为表达式。各种运算符能够连接的操作数的个数、数据类型都有规定，要书写正确的表达式就必须遵循这些规定。例如，下面是一个合法的 Python 表达式：

　　　　10+'a'+d/e–i*f

每个表达式不管多复杂，都有一个值。这个值是按照表达式中运算符的运算规则计算出来的结果。求表达式的值是由计算机系统来完成的，但程序设计者必须明白其运算步骤、优先级、结合性和数据类型转换这几方面的问题。

2.3.1　算术运算符

1. 算术运算符

算术运算符用于各类数值运算，包括 +、–、*、/、**、// 和 % 七种。基本算术运算符属性如表 2.2 所示。

表 2.2　算术运算符

运算符	示例	功 能 说 明
+	x+y	加法，求 x 和 y 之和
–	x-y	减法，求 x 和 y 之差
*	x*y	乘法，求 x 和 y 之积
/	x/y	除法，求 x 和 y 之商
//	x//y	取整除，求 x 和 y 之整数商，即不大于 x 与 y 之商的最大整数
**	x**y	幂运算，求 x 的 y 次方
%	x%y	取模，求 x 与 y 之商的余数

这 7 个运算符与数学习惯一致，运算结果也符合数学意义。

1) *运算符

*运算符在 Python 中有多重含义，在程序中运算符的具体含义取决于操作数的类型。该运算符在数值型数据中进行运算表示乘法操作，在序列类型如列表、元组、字符串运算时则表示对内容进行重复。序列类型的详细内容在后续章节进行介绍。例如：

```
>>> 3*5        #整数相乘运算
15
>>> 'a'*10      #字符串重复运算
'aaaaaaaaaa'
```

2) /运算符

在 Python 2.x 中，除法(/)运算符进行除法运算的两个操作数如果都是整数，则结果为整数，小数部分一律舍去；如果有一个操作数是浮点数，则结果为浮点数。例如：

```
>>> 1/2
0
>>> 1/2.0
0.5
```

在 Python 3.x 中，对于以上两种情况，结果均为浮点数。例如：

```
>>> 3/5
0.6
>>> 66/-13.2
-5.0
```

3) //运算符

//运算符进行取乘除运算，运算结果是除法运算商的整数部分。参与运算的两个操作数都是整型，结果为整型；参与运算的两个操作数若有一个是浮点型，则结果为浮点型。例如：

```
>>> 3.0//5
0.0
```

```
>>> 12//5          #参与运算的两个操作数都是整型
2
>>> 12//5.0        #参与运算的两个操作数有一个是浮点型
2.0
```

4) %运算符

%运算符表示对整数和浮点数的取模运算。由于受浮点数精确度的影响，计算结果会有误差。例如：

```
>>> 5%3
2
>>> -5%3
1
>>> 5%-3
−1
>>> 10.5%2.1              #浮点数取模运算
2.0999999999999996       #结果有误差
```

5) **运算符

**运算符实现乘方运算，其优先级高于*和/。例如：

```
>>> 2**3
8
>>> 3.5**2
12.25
>>> 2**3.5
11.313708498984761
>>> 4*3**2          #先计算乘方运算，再计算乘积
36
```

2. 算术表达式

用算术运算符将运算对象(操作数)连接起来，符合 Python 语言语法规则的式子，称为算术表达式。运算对象包括常量、变量和函数等。例如：

$$3+a*b/5-2.3+'b'$$

就是一个算术表达式。该表达式的求值是先求 a*b，然后让其结果再和 5 相除。最后再从左至右计算加法和减法运算。如果表达式中有括号，则应该先计算括号内的运算，再计算括号外的运算。

2.3.2　赋值运算符

赋值运算符构成了 Python 语言最基本、最常用的赋值语句，同时 Python 语言还允许赋值运算符与其他 12 种运算符结合使用，形成复合的赋值运算符，使 Python 语言编写的程序简单、精练。

1. 赋值运算符

赋值运算符用"="表示，它的作用是将一个数据赋给一个变量。

例如："a=3"的作用是把常量 3 赋给变量 a。也可以将一个表达式赋给一个变量，例如："a=x%y"的作用是将表达式 x%y 的结果赋给变量 a。

赋值运算符"="是一个双目运算符，其结合性为从右至左。

2. 赋值表达式

由赋值运算符"="将一个变量和一个表达式连接起来的式子称为赋值表达式，其一般形式为：

> 变量 = 表达式

等号的左边必须是变量，右边是表达式。对赋值表达式的求解过程为：计算赋值运算符右边"表达式"的值，并将计算结果赋给其左边的"变量"。例如：

```
>>>y=2
>>>x=(y+2)/3
>>>x
1.3333333333333333
```

赋值时先计算表达式的值，然后使该变量指向该数据对象。该变量可以理解为该数据对象的别名。

注意：Python 的赋值和一般的高级语言的赋值有很大的不同，它是引用赋值。例如：

```
>>>a = 5
>>>b = 8
>>> a = b
```

执行 a=5 和 b=8 之后，a 指向的是 5，b 指向的是 8。当执行 a = b 的时候，b 把自己指向的地址(也就是 8 的内存地址)赋给了 a，那么最后的结果就是 a 和 b 同时指向了 8，如图 2.2 所示。

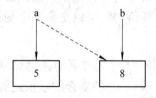

图 2.2　引用赋值

3. 多变量赋值

1）链式赋值

在 Python 中，可通过链式赋值将同一个值赋给多个变量，一般形式为：

```
>>>x=y=5
>>>x
5
>>>y
5
```

这里 x=y=5 等价于先执行 "y=5"，再执行 "x=y"。

2) 多变量并行赋值

Python 可以对多个变量并行赋值，一般形式为：

　　变量 1，变量 2，…，变量 n = 表达式 1，表达式 2，…，表达式 n

变量个数要与表达式的个数一致，其过程为：首先计算表达式右边 n 个表达式的值，然后同时将表达式的值赋给左边的 n 个变量。例如：

```
>>>x,y,z=2,5,8
>>>x
2
>>>y
5
>>>z
8
```

再看一个特殊的例子，执行结果变量 x 的值是多少呢？

```
>>>x,x=-10,20
>>>x
20
```

从变量 x 的输出结果 20 可以得知：表达式 "x,x=-10,20" 先执行 x=-10，后执行 x=20，因此 x 最终的值是 20。例如：

```
>>>x=20
>>>x,x=3,x*3
>>>x
60
```

首先执行 x=20，x 的值为 20；接着执行语句 "x,x=3,x*3"，此时先执行 x=3，接着执行 x=x*3。但这时 x 的值是 20，表明是并行赋值，因此最后 x 的值是 60。

采取并行赋值，可以使用一条语句就可以交换两个变量的值，即 x,y=y,x。

4. 复合的赋值运算符

Python 语言规定，赋值运算符 "＝" 与 7 种算术运算符(+、-、*、/、//、**、%)和 5 种位运算符(>>、<<、&、^、|)结合构成 12 种复合的赋值运算符。它们分别是：+=、-=、*=、/=、//=、**=、%=、>>=、<<=、&=、^= 和 |=，结合方向为自右至左。例如：

a+=3	等价于	a=a+3
a*=a+3	等价于	a=a*(a+3)
a%=3	等价于	a=a%3

注意： "a*=a+3" 与 "a=a*a+3" 是不等价的，"a*=a+3" 等价于 "a=a*(a+3)"，这里括号是必需的。

【例 2.4】 复合的赋值运算符示例。

```
>>> a=3
>>> b=5
```

```
>>> a+=b
>>> a
8
>>> a>>=2
>>> a
2
>>> a*=a+3
>>> a
10
```

2.3.3 关系运算符

1. 关系运算符

关系运算是用来比较关系运算符左右两边的表达式，若比较结果符合给定的条件，则结果是 True(代表真)，否则结果是 False(代表假)。Python 语言提供了 7 种关系运算符供程序设计时使用，它们的含义及优先级关系如表 2.3 所示。

表 2.3　关系运算符

运算符	含　义	优　先　级	结合性
>	大于	这些运算符的优先级相同，但比下面的运算符优先级低	
>=	大于等于		
<	小于		左结合
<=	小于等于	这些运算符的优先级相同，但比上面的运算符优先级高	
==	等于		
!=	不等于		

由表 2.4 可知，关系运算符的优先级为{>、>=、<、<=}→{==、!= 、<>}。前 4 个运算符的优先级相同，后 3 个运算符的优先级相同；前 4 个运算符的优先级高于后 3 个运算符的优先级。

2. 关系表达式

由关系运算符和操作数组成的表达式称为关系表达式。关系表达式的运算结果是一个逻辑值，即只有 0 或 1 两个取值。在 Python 中，真用"True"表示，假用"False"表示。例如：

```
>>> x,y,z=2,3,5
>>> x>y
False
>>> y<z
True
>>> x<y<z
True
```

注意：浮点数可能会被判相等。在计算机中，浮点数是实数的近似值。执行一系列浮点数的运算后，可能会发生四舍五入的情况。例如：

```
>>> x=123456
>>> y=-111111
>>> z=1.2345678
>>> a=(x+y)+z
>>> b=x+(y+z)
>>> a
12346.2345678
>>> b
12346.234567799998
```

在数学中，x、y、z 初始值相同的情况下，(x+y)+z 和 x+(y+z)结果相同。在计算机中，需要进行四舍五入，因此得到了不同的值。例如：

```
>>> a==b
False
>>> a-b<0.0000001
True
```

对于语句 x==y，目的是检查 x 和 y 是否具有相同的值。(x − y)>0.000 000 01 是检查 x 和 y 是否"足够接近"。在比较浮点数是否相等时，前一种方法常常会得到不正确的结果，因此一般都采用后一种方法。

Python 中，关系运算符可以连用，也称作"关系运算符链"，计算方法与数学中的计算方法相同。例如：

```
>>>x=5
>>>0<=x<=10        #x 大于等于 0 且小于等于 10
True               #表达式结果为真
>>>0<=x<=3         #x 大于等于 0 且小于等于 3
False              #表达式结果为假
```

2.3.4　逻辑运算符

1. 逻辑运算符

逻辑运算符是对关系表达式或逻辑值进行运算的运算符，运算结果仍是逻辑值。Python 语言提供三种逻辑运算符，它们的含义及优先级关系如表 2.4 所示。

表 2.4　逻辑运算符

运算符	含义	优先级	结合性
not	逻辑非	高	右结合
and	逻辑与	↑	左结合
or	逻辑或	低	

and 和 or 是双目运算符，结合方向是自左至右，且 and 的优先级高于 or。not 是单目运算符，结合方向是自右至左，它的优先级高于前两种。

三种逻辑运算符的意义分别为：

(1) a and b：若 a 和 b 两个运算对象同时为真，则结果为真；否则只要有一个为假，结果就为假。例如：

  15>13 and 14>12

由于 15>13 为真，14>12 也为真，因此逻辑与的结果为真值"True"。

(2) a or b：若 a 和 b 两个运算对象同时为假，则结果为假；否则只要有一个为真，结果就为真。例如：

  15<10 or 15<118

由于 15<10 为假，15<118 为真，因此逻辑或的结果为真值"False"。

(3) not a：若 a 为真时，结果为假；反之若 a 为假；结果为真。例如：not (15>10)的结果为假值"False"。

三种逻辑运算符的真值表如表 2.5 所示。

表 2.5 逻辑运算符真值表

a	b	a and b	a or b	not a
真	真	真	真	假
真	假	假	真	假
假	真	假	真	真
假	假	假	假	真

2. 逻辑表达式

由逻辑运算符连接关系表达式或逻辑值组成的表达式称为逻辑表达式。逻辑表达式的运算结果取最后计算的那个表达式的值。

在逻辑表达式的求解中，并不是所有的逻辑运算符都要被执行，只有在必须执行下一个逻辑运算符才能求出表达式的解时，才执行该运算符。其运算规则如下：

1) 对于与运算 a and b

如果 a 为真，继续计算 b，b 将决定最终整个表达式的真值，所以结果为 b 的值；如果 a 为假，无需计算 b，就可以得知整个表达式的真值为假，所以结果为 a 的值。例如：

  >>>True and 0

  0

  >>> False and 12

  False

  >>> True and 12 and 0

  0

2) 对于或运算 a or b

如果 a 为真，无需计算 b，就可得知整个表达式的真值为真，所以结果为 a 的值；如果 a 为假，继续计算 b，b 将决定整个表达式最终的值，所以结果为 b 的值。例如：

```
>>> True or 0
True
>>> False or 12
12
>>> False or 12 or 0
12
```

2.3.5　成员运算符

成员运算符用于判断一个元素是否在某一个序列中，或者判断一个字符是否属于这个字符串等，运算结果仍是逻辑值。Python 提供了两种逻辑运算符，它们的含义及优先级关系如表 2.6 所示。

表 2.6　成员运算符

运算符	含义	优先级	结合性
in	存在	相同	左结合
not in	不存在		

in 运算符用于在指定的序列中查找某个值是否存在，存在返回 True，不存在返回 False。例如：

```
>>> 'a' in 'abcd'
True
>>> 'ac' in 'abcd'
False
```

not in 运算符用于在指定的序列中查找某个值是否不存在，不存在返回 True，存在返回 False。例如：

```
>>> 'a' not in 'bcd'
True
>>> 3 not in [1,2,3,4]
False
```

2.3.6　同一性运算符

同一性运算符用于测试两个变量是否指向同一个对象，其运算结果是逻辑值。Python 提供 2 种同一性运算符，它们的含义及优先级关系如表 2.7 所示。

表 2.7　同一运算符

运算符	含义	优先级	结合性
is	相同	相同	左结合
is not	不相同		

is 检查用来运算的两个变量是否引用同一对象，也就是对象的 id 是否相同，如果相同返回 True，不相同则返回 False。例如：

```
>>> x=y=2.5
>>> z=2.5
>>> x is y
True
>>> x is z
False
```

在该例中，变量 x 和 y 被绑定到同一个整数上，而 z 被绑定到另一个与 x 值具有相同数值的另一个对象上，也就是 x 和 z 值相等，但不是同一个对象。

is not 检查用来运算的两个变量是否不是引用同一对象，如果不是同一个对象返回 True，否则返回 False。例如：

```
>>> x is not z
True
```

注意区分 is 与==的不同：

```
>>> x=y=2.5
>>> z=2.5
>>> x==z
True
>>> x is z
False
>>> print(id(x))
45298176
>>> print(id(y))
45298176
>>> print(id(z))
44866880
```

从上例运行结果可以看出，x 和 y 的 id 相同，x 和 z 的值相等，但 id 不同。

2.4 math 库及其使用

Python 的运算符可以进行一些数学运算，但要处理复杂的问题时，Python 提供了内置 math 库。math 库是内置数学类函数库，提供了数学常数和函数。python 中 math 库不支持复数类型，仅支持整数和浮点数运算。

1. math 库数学常数

math 库提供的数学常数，如表 2.8 所示。

表 2.8　math 库的数学常数

常数	描　　　述
math.pi	圆周率 pi
math.e	自然常数 e
math.tau	数学常数 τ
math.inf	正无穷大
math.nan	非浮点数标记，NaN(Not a Number)

数学常数使用方法如下：

```
>>> import math
>>> math.pi
3.141592653589793
>>> math.e
2.718281828459045
>>> math.tau
6.283185307179586
>>> a=float("inf")          #创建变量 a 为正无穷大
>>> a
inf
>>> b=float("-inf")         #创建变量 b 为负无穷大
>>> b
-inf
>>> c=float("nan")          #创建 c 为 nan 变量
>>> c
nan
```

2. math 库常用函数

常用的 math 库函数如表 2.9 所示。完整的 math 库函数详见附录Ⅱ。

表 2.9　常用 math 库函数

函　　数	功　能　描　述
math.ceil(x)	返回不小于 x 的最小整数
math.cmp(x,y)	比较 x 和 y。如果 x>y，返回 1；如果 x == y，返回 0；如果 x<y，返回−1
math.exp(x)	返回指数函数 e^x 的值
math.fabs(x)	返回浮点数 x 的绝对值
math.fmod(x,y)	返回 x 与 y 的模，即 x%y 的结果
math.fsum([x,y, …])	浮点数精确求和，即求 x+y+…
math.floor(x)	返回不大于 x 的最大整数
math.log(x)	返回 x 的自然对数的值，即 lnx 的值
math.log10(x)	返回以 10 为基数的 x 的对数

续表

函　　数	功　能　描　述
math.pow(x, y)	返回 x^y 的值
math.round(x [,n])	返回浮点数 x 的四舍五入值，如给出 n 值，则 n 代表舍入到小数点后的位数
math.isnan(x)	若 x 不是数字，返回 True；否则，返回 False
math.isinf(x)	若 x 为无穷大，返回 True；否则，返回 False
math.sqrt(x)	返回数字 x 的平方根
math.sin(x)	返回 x 弧度的正弦值
math.cos(x)	返回 x 的弧度的余弦值
math.tan(x)	返回 x 弧度的正切值
math.acos(x)	返回 x 弧度反余弦弧度值
math.asin(x)	返回 x 弧度反正弦弧度值
math.atan(x)	返回 x 弧度反正切弧度值
math.degrees(x)	将弧度转换为角度
math.radians(x)	将角度转换为弧度

常用的函数 math 库使用方法如下：

```
>>> x=-1
>>> math.abs(x)
1
>>> math.pow(2,3)
8.0
>>> math.fsum([0.03+1.58+0.0005])
1.6105
>>> math.log10(100)
2.0
>>> a=float("inf")
>>> math.isinf(a)
True
>>> math.isinf(1.0e+308)
False
>>> math.isinf(1.0e+309)
True
>>> b=float("nan")
>>> math.isnan(b)
True
>>> math.isnan(1e-5)
False
>>> math.degrees(3)
```

171.88733853924697

【例 2.5】 已知三角形三个顶点的坐标，使用数学库函数计算三角形三边长及三个角的大小。

程序如下：

```
1   import math
2   x1,x2,y1,y2,z1,z2=2,1,5,3,-1,-5
3   a=math.sqrt((x1-y1)*(x1-y1)+(x2-y2)*(x2-y2))
4   b=math.sqrt((x1-z1)*(x1-z1)+(x2-z2)*(x2-z2))
5   c=math.sqrt((y1-z1)*(y1-z1)+(y2-z2)*(y2-z2))
6
7   A=math.degrees(math.acos((a*a-b*b-c*c)/(-2*b*c)))
8   B=math.degrees(math.acos((b*b-a*a-c*c)/(-2*a*c)))
9   C=math.degrees(math.acos((c*c-a*a-b*b)/(-2*a*b)))
10
11    print("三角形的三边长为：%.2f,%.2f,%.2f"%(a,b,c))
12    print("三角形的三个角大小为：%.2f,%.2f,%.2f"%(A,B,C))
```

程序运行结果：

三角形的三边长为：3.61, 6.71, 10.00

三角形的三个角大小为：10.30, 19.44, 150.26

程序第 2 行定义了三角形三个点的坐标，第 3～5 行计算三角形三边长，第 7～9 行使用余弦定理计算三个角的大小，第 11～12 行输出运行结果。

2.5 数据类型转换

计算机中的运算与数据类型有密切关系，不同类型的数据进行运算时需要进行类型转换，转换方法有隐式(又称为自动)转换和显式(又称为强制)转换两种。

2.5.1 自动类型转换

隐式转换又称为自动类型转换。在 Python 中，当一个表达式中有不同数据类型的数据参加运算时，就会进行自动类型转换。例如计算表达式 10/4*4 作为数学式子，结果很明显是 10，但在不同的程序设计语言中计算结果就不同了。

在 C 语言中，结果为 8。由于 C 语言遵循两个整数计算结果仍为整数的原则，先计算 10/4，得到 2，再用 2 乘以 4，得到结果 8。

在 Python 2.x 中，执行以上表达式，计算过程和结果与 C 语言相同。

在 Pyhton 3.x 中，该表达式计算时首先将进行除法运算的操作数自动转换成浮点型 10.0/4.0，再进行运算，得到 2.5，再用 2.5 乘以 4，得到结果 10.0。

【例 2.6】 计算表达式的值。

```
>>> 10/4*4
```

```
10.0
>>> type(10/4*4)              #输出以上表达式的类型
<class 'float'>
>>> 10//4*4                   #整除结果为整数，不需要类型转换
8
>>> type(10//4*+4)
<class 'int'>
```

2.5.2　强制类型转换

当自动类型转换达不到转换需求时，可以使用类型转换函数，将数据从一种类型强制(或称为显式)转换成另一种类型，以满足运算需求。Python 提供的常用类型转换函数如表 2.10 所示。

表 2.10　类型转换函数

函　数	功　能　描　述
int(x)	将 x 转换为整数
float(x)	将数字或字符串 x 转换为浮点数
complex(x)	将 x 转换为复数，其中实部为 x，虚部为 0
complex(x,y)	将 x、y 转换为复数，其中实部为 x，虚部为 y
str(x)	将 x 转换为字符串
chr(x)	将一个整数转换为一个字符，整数为字符的 ASCII 编码
ord(x)	将一个字符转换为它的 ASCII 编码的整数值
hex(x)	将数字 x 转换为十六进制字符串
oct(x)	将一个整数转换为一个八进制字符串
eval(str)	将字符串 str 当做有效表达式求值，并返回计算结果

【例 2.7】　类型转换函数的应用。

```
>>> x=int("5")+15            #将字符串"5"强制转换为整数
>>> x
20
>>> y=float("5")             #将字符串"5"强制转换为浮点数
>>> y
5.0
>>> complex(x)               #创建实部为 x，虚部为 0 的复数
(20+0j)
>>> complex(x,y)             #创建实部为 x，虚部为 y 的复数
(20+5j)
>>> z=str(x)                 #读取 x 的值转换成字符串，x 中的值不变
>>> z
'20'
```

```
>>> type(x)                    #输出 x 的类型
<class 'int'>                  #x 的类型没有变化
>>> chr(97)                    #得到整数 97 所表示的字符
'a'
>>> ord('A')                   #得到字符'A'的 ASCII 码值
65
>>> hex(x)                     #读取 x 的值转换成十六进制字符串，x 中的值不变
'0x14'
>>> oct(x)                     #读取 x 的值转换成八进制字符串，x 中的值不变
'0o24'
>>> eval('x-y')                #先剥离 'x-y' 的单引号，接着再计算表达式 x-y
14.0
>>> eval("'x-y'")              #先剥离 "'x-y'" 的双引号，接着再计算表达式 'x-y'
'x-y'                          #运算结果为字符串
```

练 习 题

1. 选择题：

(1) 表达式 16/4-2**5*8/4%5//2 的值为(　　)。

A. 14　　　　　　　　B. 4　　　　　　　　C. 2.0　　　　　　　D. 2

(2) 数学关系表达式 3≤x≤10 表示成正确的 Python 表达式为(　　)。

A. 3<=x<10　　　　B. 3<=x and x<10　　　C. x>=3 or x<10　　　D. 3<=x and<10

(3) 以下不合法的表达式是(　　)。

A. x in [1,2,3,4,5]　　B. x-6>5　　　　　　C. e>5 and 4==f　　　D. 3=a

(4) Python 语句 print(0xA+0xB)的输出结果是(　　)。

A. 0xA+0xB　　　　B. A+B　　　　　　C. 0xA+0xB　　　　D. 21

(5) 下列表达式中，值不是 1 的是(　　)。

A. 4//3　　　　　　B. 15%2　　　　　　C. 1^0　　　　　　D. ~1

(6) 语句 eval('2+4/5')执行后的输出结果是(　　)。

A. 2.8　　　　　　B. 2　　　　　　　　C. 2+4/5　　　　　　D. '2+4/5'

(7) 若字符串 s='a\nb\tc'，则 len(s)的值是(　　)。

A. 7　　　　　　　　B. 6　　　　　　　　C. 5　　　　　　　　D. 4

(8) 下列表达式的值为 True 的是(　　)。

A. 2!=5 or 0　　　　B. 3>2>2　　　　　　C. 5+4j>2-3j　　　　D. 1 and 5==0

(9) 与关系表达式 x==0 等价的表达式是(　　)。

A. x=0　　　　　　B. not x　　　　　　C. x　　　　　　　　D. x!=1

2. 填空题：

(1)　n 是小于正整数 k 的偶数用 Python 表达式表示为_____。

(2)　若 a=7，b = −2，c=4，则表达式 a%3+b*b−c/5 的值为_____。

(3)　Python 表达式 1/2 的值为_____，1//3+1/3+1%3 的值为_____。

(4)　计算 $2^{31}-1$ 的 Python 表达式是_____。

(5)　数学表达式 $\dfrac{e^{|x-y|}}{3^{x}+\sqrt{6}\,\sin y}$ 的 Python 表达式为_____。

(6)　已知 a=3;b=5;c=6;d=True，则表达式 a>=0 and a+c>b+3 or not d 的值是_____。

(7)　Python 语句 x=0;y=True;print(x>y and 'A' < 'B')的运行结果是_____。

(8)　判断整数 i 能否被 3 和 5 整除的 Python 表达式为_____。

第 3 章　Python 程序设计基础

人们利用计算机解决问题，必须预先将问题转化为计算机语句描述的解题步骤，即程序。程序由多条语句构成，用于描述计算机的执行步骤。程序在计算机上执行时，程序中的语句完成具体的操作并控制计算机的执行流程，但程序并不一定完全按照语句序列的书写顺序来执行。程序中语句的执行顺序称为"程序结构"。程序包含顺序结构、选择结构和循环结构三种基本结构。如果程序中的语句按照书写顺序执行，则称其为"顺序结构"；如果程序中某些语句按照某个条件来决定是否执行，则称其为"选择结构"；如果程序中某些语句反复执行多次，则称其为"循环结构"。

顺序结构是最简单的一种结构，它只需按照处理顺序依次写出相应的语句即可。因此，学习程序设计，首先从顺序结构开始。本章主要介绍算法的概念、程序设计的基本结构、数据的输入/输出及顺序程序设计方法。

3.1　算　　法

开发程序的目的，就是要解决实际问题。然而，面对各种复杂的实际问题，如何编制程序往往令初学者感到茫然。程序设计语言只是一个工具，只懂得语言的规则并不能保证编写出高质量的程序。程序设计的关键是设计算法，算法与程序设计和数据结构密切相关。简单地讲，算法是解决问题的策略、规则和方法。算法的具体描述形式很多，但计算机程序是对算法的一种精确描述，而且可在计算机上运行。

3.1.1　算法的概念

算法就是解决问题的一系列操作步骤的集合。比如，厨师做菜时，都经过一系列的步骤——洗菜、切菜、配菜、炒菜和装盘。用计算机解题的步骤就叫算法，编程人员必须告诉计算机先做什么，再做什么，这可以通过高级语言的语句来实现。这些语句一方面体现了算法的思想，另一方面指示计算机按算法的思想去工作，从而解决实际问题。程序就是由一系列的语句组成的。

著名的计算机科学家尼克劳思·沃思(Niklaus Wirth)曾经提出一个著名的公式：

$$数据结构 + 算法 = 程序$$

数据结构是指对数据(操作对象)的描述，即数据的类型和组织形式；算法则是对操作步骤的描述。也就是说，数据描述和操作描述是程序设计的两项主要内容。数据描述的主要内容是基本数据类型的组织和定义，数据操作则是由语句来实现的。

算法具有下列特性：

(1) 有穷性。任意一组合法输入值，在执行有穷步骤之后一定能结束，即算法中的每个步骤都能在有限时间内完成。

(2) 确定性。算法的每一步必须是确切定义的，使算法的执行者或阅读者都能明确其含义及如何执行，并且在任何条件下，算法都只有一条执行路径。

(3) 可行性。算法应该是可行的。算法中的所有操作都必须足够基本，都可以通过已经实现的基本操作运算有限次实现。

(4) 有输入。一个算法应有零个或多个输入，它们是算法所需的初始量或被加工对象的表示。有些输入量需要在算法执行过程中输入；而有的算法表面上可以没有输入，实际上已被嵌入到算法之中。

(5) 有输出。一个算法应有一个或多个输出，它是一组与"输入"有确定关系的量值，是算法进行信息加工后得到的结果，这种确定关系即为算法的功能。

(6) 有效性。在一个算法中，要求每一个步骤都能有效地执行。

以上这些特性是一个正确的算法应具备的特性，在设计算法时应该注意。

3.1.2　算法的评价标准

什么是"好"的算法，通常从下面几个方面衡量算法的优劣：

1. 正确性

正确性指算法能满足具体问题的要求，即对任何合法的输入，算法都会得出正确的结果。

2. 可读性

可读性指算法理解起来的难易程度。算法主要是为了人的阅读与交流，其次才是为计算机执行，因此算法应该更易于人的理解。另一方面，晦涩难读的程序易于隐藏较多错误而难以调试。

3. 健壮性(鲁棒性)

健壮性即对非法输入的抵抗能力。当输入的数据非法时，算法应当恰当地作出反应或进行相应处理，而不是产生奇怪的输出结果。并且，处理出错的方法不应是中断程序的执行，而应是返回一个表示错误或错误性质的值，以便在更高的抽象层次上进行处理。

4. 高效率与低存储量需求

通常，效率指的是算法执行时间；存储量指的是算法执行过程中所需的最大存储空间，两者都与问题的规模有关。尽管计算机的运行速度提高很快，但这种提高无法满足问题规模加大带来的速度要求。所以追求高速算法仍然是必要的。相比起来，人们会更多地关注算法的效率，但这并不因为计算机的存储空间是海量的，而是由人们面临问题的本质决定的。二者往往是一对矛盾，常常可以用空间换时间，也可以用时间换空间。

3.1.3 算法的表示

算法可以说是对设计思路的描述。在算法定义中，并没有规定算法的描述方法，所以它的描述方法可以是任意的。既可以用自然语言描述，也可以用数学方法描述，还可以用某种计算机语言描述。若用计算机语言描述，就是计算机程序。

为了能清晰地表示算法，程序设计人员采用更规范的方法。常用的有自然语言描述、流程图、N-S 流程图、伪代码等。

1. 自然语言描述

自然语言就是人们日常生活中使用的语言，用自然语言表示通俗易懂，容易被人们接受，也更容易学习和表达，但自然语言文字冗长，而且容易产生歧义。假如有这样一句话："他看到我很高兴。"请问这句话表达了他高兴还是我高兴？仅从这句话本身很难判断。此外，用自然语言描述包含分支和循环的算法十分不方便。因此，除了一些十分简单的算法外，一般不采用自然语言来描述算法。

2. 流程图

流程图是描述算法最常用的一种方法。它利用集合图形符号来代表不同性质的操作，用流程线来指示算法的执行方向。ANSI(美国国家标准化协会)规定的一些常用流程图符号如图 3.1 所示。这种表示方法直观、灵活，很多程序员都采用这种表示方法，因此又称为传统的流程图。本书中的算法将采用这种表示方法描述，读者应对这种流程图熟练掌握。

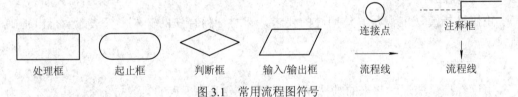

图 3.1　常用流程图符号

【例 3.1】　设计一个算法，求三个整数的和，并画出流程图。

求三个整数和的算法流程图如图 3.2 所示。

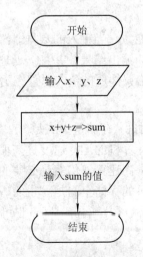

图 3.2　求三个整数和的算法流程图

注意：画流程图时，每个框内要说明操作内容，描述要确切，不要有"二义性"。画箭头时注意箭头的方向，箭头方向表示程序执行的流向。

【例 3.2】 求两个正整数的最大公约数。

求最大公约数的算法流程图如图 3.3 所示。

【例 3.3】 设计解一元二次方程 $ax^2 + bx + c = 0(a \neq 0)$ 的算法，并画出流程图。

分析　求解一元二次方程可按照以下步骤完成：

(1) 计算 $\Delta = b^2 - 4ac$。

(2) 如果 $\Delta < 0$，则原方程无实数解。
否则 $(\Delta \geq 0)$，计算：

$$x_1 = \frac{-b + \sqrt{b^2 - 4ac}}{2a}, \quad x_2 = \frac{-b - \sqrt{b^2 - 4ac}}{2a}$$

(3) 输出解 x_1、x_2 或无实数解信息。

流程图如图 3.4 所示。

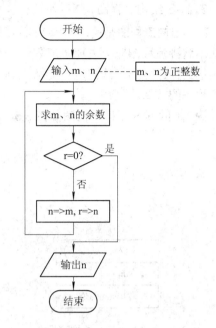

图 3.3　求两个正整数的最大公约数的算法流程图

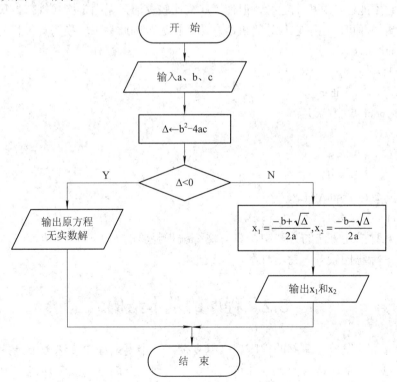

图 3.4　求解一元二次方程算法流程图

3. N-S 结构流程图

N-S 结构流程图是美国学者 I.Nassi 和 B.Shneiderman 于 1973 年提出的一种新的流程图形式。这种流程图完全去掉了流程线，全部算法写在一个矩形框内，而且在框内还可以包含其他的框。这样算法被迫只能从上到下顺序执行，从而避免了算法流程的任意转向，保证了程序的质量。

例 3.1 的 N-S 结构流程图如图 3.5 所示，例 3.2 的 N-S 结构流程图如图 3.6 所示。

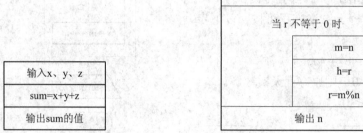

图 3.5　例 3.1 的 N-S 结构流程图　　　图 3.6　例 3.2 的 N-S 结构流程图

4. 伪代码

伪代码是介于自然语言和计算机语言之间的文字和符号，是帮助程序员指定算法的智能化语言，它不能在计算机上运行，但使用起来比较灵活，无固定格式规范，只要写出来自己或别人能看懂即可。由于它与计算机语言比较接近，因此易于转换为计算机程序。例如：

```
input    a,b,c
Δ=b² - 4ac
if    Δ<0        then
     print "方程无实数解"
else

     x1=(-b+sqrt(Δ))/(2*a)
     x2=(-b-sqrt(Δ))/(2*a)
print   x1,x2
```

在以上几种描述算法的方法中，具有熟练编程经验的人士喜欢用伪代码，初学者使用流程图或 N-S 流程图较多，易于理解，比较形象。

3.2　程序的基本结构

随着计算机的发展，编制的程序越来越复杂。一个复杂程序多达数千万条语句，而且程序的流向也很复杂，常常用无条件转向语句去实现复杂的逻辑判断功能。因而造成程序质量差，可靠性很难保证，同时也不易阅读，维护困难。20 世纪 60 年代末期，国际上出现了所谓的"软件危机"。

为了解决这一问题，就出现了结构化程序设计，它的基本思想是像玩积木游戏那样，只要有几种简单类型的结构，可以构成任意复杂的程序。这样可以使程序设计规范化，便于用工程的方法来进行软件生产。基于这样的思想，1966 年，意大利的 Bobra 和 Jacopini 提出了三种基本结构，即顺序结构、选择结构和循环结构。由这三种基本结构组成的程序就是结构化程序。

3.2.1　顺序结构

顺序结构是最简单的一种结构，其语句是按书写顺序执行的，除非指示转移，否则计算机自动以语句编写的顺序一句一句地执行。顺序结构的语句程序流向是沿着一个方向进行的，有一个入口(A)和一个出口(B)。流程图和 N-S 结构流程图如图 3.7 和图 3.8 所示，先执行程序模块 A 然后再执行程序模块 B。程序模块 A 和 B 分别代表某些操作。

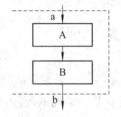

　　图 3.7　顺序结构的流程图表示　　　　图 3.8　顺序结构的 N-S 结构流程图表示

3.2.2　选择结构

在选择结构中，程序可以根据某个条件是否成立，选择执行不同的语句。选择结构如图 3.9 和图 3.10 所示。当条件成立时执行模块 A，条件不成立时执行模块 B。模块 B 也可以为空，如图 3.11 所示。当条件为真时执行某个指定的操作(模块 A)，条件为假时跳过该操作(单路选择)。

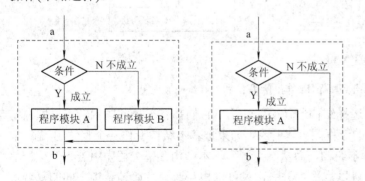

　图 3.9　分支结构的流程图表示　　图 3.10　单分支结构的流程图表示　　图 3.11　分支结构的 N-S 图表示

3.2.3　循环结构

在循环结构中，可以使程序根据某种条件和指定的次数，使某些语句执行多次。循环结构有当型循环和直到型循环两种形式。

1. 当型循环

当型循环是指先判断，只要条件成立(为真)就反复执行程序模块；当条件不成立(为假)时则结束循环。当型循环结构的流程图和 N-S 结构流程图分别如图 3.12(a)和图 3.12(b)所示。

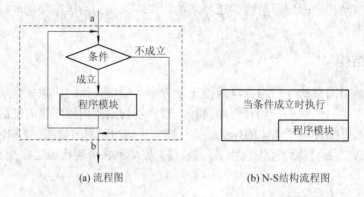

(a) 流程图   (b) N-S结构流程图

图 3.12   当型循环结构的流程图和 N-S 结构流程图

2. 直到型循环

直到型循环是指先执行程序模块，再判断条件是否成立。如果条件成立(为真)，则继续执行循环体；当条件不成立(为假)时则结束循环。直到型循环结构的流程图和 N-S 结构流程图如图 3.13 所示。

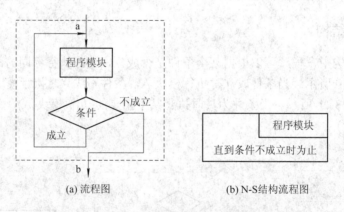

(a) 流程图   (b) N-S结构流程图

图 3.13   直到型循环结构的流程图和 N-S 结构流程图

注意：无论是顺序结构、选择结构还是循环结构，它们都有一个共同的特点，即只有一个入口和一个出口。从示意的流程图可以看到，如果把基本结构看作一个整体(用虚线框表示)，执行流程从 a 点进入基本结构，而从 b 点脱离基本结构。整个程序由若干个这样的基本结构组成。三种结构之间可以是平行关系，也可以相互嵌套，通过结构之间的复合形成复杂的结构。结构化程序的特点就是单入口、单出口。

3.3   数据的输入与输出

通常，一个程序可以分成三步进行：输入原始数据、进行计算处理和输出运行结果。

其中，数据的输入与输出是用户通过程序与计算机进行交互的操作，是程序的重要组成部分。本节详细介绍 Python 的输入/输出。

3.3.1　标准输入/输出

1. 标准输入

Python 提供了内置函数 input()，用来从标准输入设备读入一行文本，默认的标准输入设备是键盘。input()函数的基本格式为：

> input([提示字符串])

说明：方括号中的提示字符串是可选项。如果有"提示字符串"，运行时原样显示，给用户进行提示。

在 Python 2.x 和 Python 3.x 中，该函数的使用方法略有不同。

在 Python 2.x 中，该函数返回结果的类型由输入时所使用的界定符来决定。例如：

> \>>>x=input("Please enter your input: ")
>
> Please enter your input: 5　　　　　　　#没有界定符，x 为整数
>
> \>>>x=input("Please enter your input: ")
>
> Please enter your input: '5'　　　　　　#单引号界定符，x 为字符串
>
> \>>>x=input("Please enter your input: ")
>
> Please enter your input: [1,2,3]　　　　#方括号界定符，x 为列表
>
> \>>>x=input("Please enter your input: ")
>
> Please enter your input: (1,2,3)　　　　#圆括号界定符，x 为元组

在 Python 2.x 中还有一个内置函数 raw_input()函数，用来接收用户输入的值。该函数将所有用户的输入都作为字符串看待，返回字符串类型。例如：

> \>>>x=raw_input ("Please enter your input: ")
>
> Please enter your input: 5
>
> \>>>x
>
> '5'
>
> \>>>x=raw_input ("Please enter your input: ")
>
> Please enter your input: (1,2,3)
>
> \>>>x
>
> '(1,2,3)'

Python 3.x 将 raw_input( )和 input( )进行了整合，去除了 raw_input( )函数，仅保留了 input( )函数。input( )函数接收任意输入，将所有输入默认为字符串处理，并返回字符串类型。相当于 Python 2.x 中的 raw_input( )函数。例如：

> \>>>x=input("Please enter your input: ")
>
> Please enter your input: 5
>
> \>>>print(type(x))
>
> <class 'str'>

说明：内置函数 type 用来返回变量类型。当输入数值 5 赋值给变量 x 之后，x 的类型

为字符串类型。例如：

>>>x=input ("Please enter your input:")

Please enter your input: (1,2,3)

>>>print(type(x))

<class 'str'>

如果要输入数值类型数据，可以使用类型转换函数将字符串转换为数值。例如：

>>>x=int(input ("Please enter your input:"))

"Please enter your input:5

>>> print(type(x))

<class 'int'>

说明：x 接收的是字符串 5，通过 int()函数将字符串转换为整型类型。

input()函数也可给多个变量赋值。例如：

>>>x,y=eval(input())

3,4

>>>x

3

>>>y

4

如果用户希望输入一个数字，并用程序对这个数字进行计算，可以采用 eval(input([提示字符串]))的组合形式。例如：input()返回输入的求值字符串，可以用 eval 进行字符串的求值。如输入 4*5+6，那么 raw_input 就会返回 "4*5+6"，eval 求值后为 26。

>>> a=eval(input())

4*5+6

>>> a

26

2. 标准输出

Python 2.x 和 Python 3.x 的输出方法也不完全一致。Python 2.x 使用 print 语句进行输出，Python 3.x 使用 print()函数进行输出。

本书给出的例子大部分是在 Python 3.7.0 环境下编写运行的，因此这里重点介绍 print()函数的用法。

print()函数一般形式为：

print([输出项 1，输出项 2，……，输出项 n][,sep=分隔符][,end=结束符])

说明：输出项之间用逗号分隔，没有输出项时输出一个空行。sep 表示输出时各输出项之间的分隔符(缺省时以空格分隔)，end 表示输出时的结束符(缺省时以回车换行结束)。print函数从左求出至右各输出项的值，并将各输出项的值依次显示在屏幕的同一行上。例如：

>>>x,y=2,3

>>>print(x,y)

2 3

```
>>>print(x,y,sep=':')
2:3
>>>print(x,y,sep=':',end='%')
2:3%
```

3.3.2　格式化输出

在很多实际应用中都需要将数据按照一定格式输出。

Python 中 print()函数可以按照指定的输出格式在屏幕上输出相应的数据信息。其基本做法是：将输出项格式化，然后利用 print()函数输出。

在 Python 中格式化输出时，采用%分隔格式控制字符串与输出项，一般格式为：

　　　格式控制字符串%(输出项 1，输出项 2，……，输出项 n)

功能是按照"格式控制字符串"的要求，将输出项 1、输出项 2，……，输出项 n 的值输出到输出设备上。

其中格式控制字符串用于指定输出格式，它包含如下两类字符：

(1) 常规字符：包括可显示的字符和用转义字符表示的字符。

(2) 格式控制符：以%开头的一个或多个字符，以说明输出数据的类型、形式、长度、小数位数等。如"%d"表示按十进制整型输出，"%c"表示按字符型输出等。格式控制符与输出项应一一对应。

对应不同类型数据的输出，Python 采用不同的格式说明符描述。格式说明详见表 3.1。

表 3.1　print()的格式说明

格式符	格　式　说　明
d 或 i	以带符号的十进制整数形式输出整数(正数省略符号)
o	以八进制无符号整数形式输出整数(不输出前导 0)
x 或 X	以十六进制无符号整数形式输出整数(不输出前导符 0x)。用 x 时，以小写形式输出包含 a、b、c、d、e、f 的十六进制数；用 X 时，以大写形式输出包含 A、B、C、D、E、F 的十六进制数
c	以字符形式输出，输出一个字符
s	以字符串形式输出
f	以小数形式输出实数，默认输出 6 位小数
e 或 E	以标准指数形式输出实数，数字部分隐含 1 位整数，6 位小数。使用 e 时，指数以小写 e 表示；使用 E 时，指数以大写 E 表示
g 或 G	根据给定的值和精度，自动选择 f 与 e 中较紧凑的一种格式，不输出无意义的 0
%	输出%

例如：

```
>>>x=300
>>>print("sum=%d"%x)        #与 print("sum=%i"%x)等价
>>>sum=300
```

格式控制字符串中"sum ="照原样输出，"%d"表示以十进制整数形式输出。

对输出格式，Python 语言同样提供附加格式字符，用以对输出格式作进一步描述。使用表 3.1 的格式控制字符时，在%和格式字符之间可以根据需要使用下面的几种附加字符，使得输出格式的控制更加准确。附加格式说明符详见表 3.2。

这样，格式控制字符的形式为：

　　　% [附加格式说明符]格式符

注意：本书中一般形式的语句格式描述时用方括号表示可选项，其余出现在格式中的非汉字字符均为定义符，应原样照写。

例如：可在%和格式字符之间加入形如"m.n"(m、n 均为整数，含义见表 3.2)的修饰。其中，m 为宽度修饰，n 为精度修饰。如%7.2f 表示用实型格式输出，附加格式说明符"7.2"表示输出宽度为 7，输出 2 位小数。

表 3.2　附加格式说明符

附加格式说明符	格 式 说 明
m	域宽，十进制整数，用以描述输出数据所占宽度。如果 m 大于数据实际位数，输出时前面补足空格；如果 m 小于数据的实际位数，按实际位数输出。当 m 为小数时，小数点或占 1 位
n	附加域宽，十进制整数，用于指定实型数据小数部分的输出位数。如果 n 大于小数部分的实际位数，输出时小数部分用 0 补足；如果 n 小于小数部分的实际位数，输出时将小数部分多余的位四舍五入。如果用于字符串数据，表示从字符串中截取的字符数
−	输出数据左对齐，默认时为右对齐
+	输出正数时，也以+号开头
#	作为 o、x 的前缀时，输出结果前面加上前导符号 0、0x

下面是一些格式化输出的实例。

```
>>>year = 2018
>>>month = 3
>>>day = 28
#格式化日期，将%02d 数字转换成 2 位整型，缺位补 0
>> print('%04d-%02d-%02d'%(year,month,day))
2017-01-28
>>>value = 8.123
>> print('%06.2f'%value)          # 保留宽度为 6，小数点后 2 位小数的数据
008.12
>>>print('%d'%10)                 # 输出十进制数 10
10
>>>print('%%%o'%10)              # 输出一个%，再输山十进制数字 10 对应的八进制数
%12
>>>print('%02x'%10)              # 输出两位十六进制数，字母小写，空缺位补 0
```

```
0a
>>>print('%04X'%10)                    # 输出四位十六进制数，字母大写，空缺位补 0
 000A
>>>print('%.2e'%128.8888)              # 以科学计数法输出浮点型数，保留 2 位小数
1.29e+02
```

3.3.3　字符串的 format 方法

在 Python 中，字符串有一种 format()方法。这个方法会将格式字符串当做一个模板，通过传入的参数对输出项进行格式化。

字符串 format()方法的一般形式为：

格式字符串.format(输出项 1，输出项 2，……，输出项 n)

其中，格式字符串中可以包括普通字符和格式说明符，普通字符原样输出，格式说明符决定了所对应输出项的格式。

格式字符串使用大括号括起来，一般形式为：

{[序号或键]: 格式说明符}

其中，可选项序号表示要格式化的输出项的位置，从 0 开始，0 表示输出项 1，1 表示输出项 2，以后以此类推。序号可全部省略。若全部省略表示按输出项的自然顺序输出。可选项键对应要格式化的输出项名字或字典的键值。格式说明符见表 3.1，以冒号开头。

以下是使用 format()的应用实例。

(1) 使用"{序号}"形式的格式说明符：

```
>>>"{} {}".format("hello", "world")        #不设置指定位置，按默认顺序
'hello world'
>>> "{0}{1}".format("hello", "world")       #设置指定位置
'hello world'
>>> "{1}{0} {1}".format("hello", "world")   #设置指定位置，输出项 2 重复输出
'world hello world'
```

(2) 使用"{序号：格式说明符}"形式的格式说明符：

```
>>> "{0:.2f},{1}".format(3.1415926,100)
'3.14,100'
```

该例中，"{0:.2f}"决定了该格式说明符对应于输出项 1，".2f"说明输出 1 的输出格式，即以浮点数形式输出，小数点后保留 2 位小数。

(3) 使用"{序号：格式说明符}"形式的格式说明符：

```
>>> "pi={x}".format(x=3.14)
'pi=3.14'
```

(4) 使用"{序号/键：格式说明符}"形式的格式说明符：

```
>>> "{0},pi={x}".format("圆周率",x=3.14)
'圆周率,pi=3.14'
```

在 format()方法格式字符串中，除了可以包括序号或键外，还可以包含格式控制标记。

格式控制标记用来控制参数输出时的格式。格式控制标记如表 3.3 所示。

表 3.3　format()方法中格式控制标记

格式控制标记	说　　明
<宽度>	设定输出数据的宽度
<对齐>	设定对齐方式，有左对齐、右对齐和居中对齐三种形式
<填充>	设定用于填充的单个字符
,	数字的千位分隔符
<.精度>	浮点数小数部分精度或字符串最大输出长度
<类别>	输出整数和浮点数类型的格式规则

表 3.3 中的这些字段都是可选的，也可以组合使用。

1) <宽度>

<宽度>用来设定输出数据的宽度。如果该输出项对应的 format()参数长度比<宽度>设定值大，则使用参数实际长度；如果该值的实际位数小于指定宽度，则位数将被默认以空格字符补充。例如：

```
>>> "{0:10}".format("Python")
'Python    '                    #输出宽度设定为 10，字符串右边以 5 个空格补充
>>> "{0:10}".format("Python Programming")
'Python Programming'            #输出宽度设定为 10，字符串实际宽度大于 10
```

2) <对齐>

参数在<宽度>内输出时的对齐方式，分别使用"<"、">"和"^"三个符号表示左对齐、右对齐和居中对齐。例如：

```
>>> "{0:>10}".format("Python")     #输出时右对齐
'    Python'
>>> "{0:<10}".format("Python")     #输出时左对齐
'Python    '
>>> "{0:^10}".format("Python")     #输出时居中对齐
'  Python  '
```

3) <填充>

<填充>是指<宽度>内除了参数外的字符采用的表示方式，默认采用空格，可以通过<填充>更换。例如：

```
>>> "{0:*^10}".format("Python")    #输出时居中且使用*填充
'**Python**'
>>> "{0:#<10}".format("Python")    #输出时左对齐且使用#填充
'Python####'
```

4) ,(逗号)

,(逗号)用于显示数字的千位分隔符，适用于整数和浮点数。例如：

```
>>> '{0:,}'.format(1234567890)     #用于整数输出
```

'1,234,567,890'

    >>> '{0:,}'.format(1234567.89)　　　　#用于浮点数输出

'1,234,567.89'

5) <.精度>

<.精度>由小数点(.)开头。对于浮点数，精度表示小数部分输出的有效位数；对于字符串，精度表示输出的最大长度。例如：

    >>> '{0:.2f},{1:.5}'.format(1.2345,'programming')

'1.23,progr'

6) <类型>

<类型>表示输出整数和浮点数类型时的格式规则。

对于整数类型，输出格式包括以下 6 种：

b: 输出整数的二进制方式。

c: 输出整数对应的 Unicode 字符。

d: 输出整数的十进制方式。

o: 输出整数的八进制方式。

x: 输出整数的小写十六进制方式。

X: 输出整数的大写十六进制方式。

例如：

    >>> '{:b}'.format(10)

'1010'

    >>> '{:d}'.format(10)

'10'

    >>> '{:x}'.format(95)

'5f'

    >>> '{:X}'.format(95)

'5F'

对于浮点数类型，输出格式包括以下 4 种：

e: 输出浮点数对应的小写字母 e 的指数形式。

E: 输出浮点数对应的大写字母 E 的指数形式。

f: 输出浮点数的标准浮点形式。

%: 输出浮点数的百分形式。

例如：

    >>> '{0:e},{0:E},{0:f},{0:%}'.format(123.456789)

'1.234568e+02,1.234568E+02,123.456789,12345.678900%'

    >>> '{0:.2e},{0:.2E},{0:.2f},{0:.2%}'.format(123.456789)

'1.23e+02,1.23E+02,123.46,12345.68%'

注意：浮点数输出时尽量使用<.精度>表示小数部分的宽度，有助于更好控制输出格式。

3.4　顺序程序设计举例

到目前为止，介绍的程序都是逐条语句书写的，程序的执行也是按照顺序逐条执行的，这种程序被称为顺序程序。

下面是能够实现实际功能的顺序程序设计的例子，虽然不难，但对形成清晰的编程思路是有帮助的。

【例 3.4】　从键盘输入一个 3 位整数，分离出它的个位、十位和百位并分别在屏幕上输出。

分析　此题要求设计一个从三位整数中分离出个位、十位和百位数的算法。例如，输入的数是 235，则输出分别是 2、3、5。百位数字可采用对 100 整除的方法得到，235//100=2；个位数字可采用对 10 求余的方法得到，235%10=5；十位数字可通过将其变化为最高位后再整除的方法得到，(235-2*100)//10=3，也可通过将十位数字其变换为最低位再求余的方法得到，(235/10)%10=3。

根据以上分析，程序应分为三步完成：

(1) 调用 input 函数输入该三位整数；

(2) 利用上述算法计算该数的个位、十位和百位数；

(3) 输出计算后的结果。

程序如下：

```
1   x=int(input("请输入一个 3 位整数"))
2   a=x//100
3   b=(x-a*100)//10
4   c=x%10
5   print("百位=%d,十位=%d,个位=%d"%(a,b,c))
```

程序运行结果：

```
请输入一个 3 位整数 235
百位=2,十位=3,个位=5
```

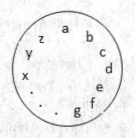

图 3.14　小写字母转盘

【例 3.5】小写字母转盘如图 3.14 所示，用户输入一个小写字母，求出该字母的前驱和后继字符。例如，c 字符的前驱和后继分别是 b 和 d，a 字符的前驱和后继分别是 z 和 b，z 字符的前驱和后继分别是 y 和 a。

分析　首先应该输入一个小写字母存储到字符类型变量(假设为 ch 变量)中，接着再求该字符的前驱和后继。

求一个字母的前驱字母并不是简单地减 1。例如，字母 a 的前驱是 z，不能通过减 1 来实现。在没有学习条件控制之前，可以利用取余操作的特性，即任何一个整数除以 26(26 个字母)的余数只能在 0～25 之间。我们可以以 z 为参考点，首先求出输入的字符 ch(假设是 w)与 z 之间的字符偏移数 n = 'z' – ch = 'z' – 'w' = 3，而 (n+1)%26=4 则是 ch(字母 w)的前驱字母相对于 z 的偏移数，'z' – (n + 1)%26 = 122 – 4 = 118(即字母 v)就是 ch(字母 w)的前驱字母。

采用同样的道理去求后继字母。

程序如下：

```
1   ch=input("请输入一个字符: ")
2   pre=ord('z')-(ord('z')-ord(ch)+1)%26        #ord()函数用来的到字符的 ASCII 值
3   next=ord('a')+(ord(ch)-ord('a')+1)%26
4   print("%c 的前驱字母是%c，后继字母是%c"%(ch,pre,next))
```

程序运行结果：

　　　请输入一个字符: z

　　　z 的前驱字母是 y，后继字母是 a

再次运行程序，结果如下：

　　　请输入一个字符: a

　　　a 的前驱字母是 z，后继字母是 b

练 习 题

1. 什么是算法？算法的基本特征是什么？

2. 编写一个加法和乘法计算器程序。

3. 编写程序，输入三角形的 3 个边长 a、b、c，求三角形的面积 area，并画出算法的流程图和 N-S 结构图。公式为

$$area = \sqrt{S(S-a)(S-b)(S-c)}$$

其中，S = (a+b+c)/2。

4. 编写程序，输入四个数，并求它们的平均值。

5. 从键盘上输入一个大写字母，将大写字母转换成小写字母并输出。

第 4 章　选择结构程序设计

选择结构又称为分支结构，它根据给定的条件是否满足，决定程序的执行路线。在不同条件下，执行不同的操作，这在实际求解问题过程中是大量存在的。例如，输入一个整数，要判断它是否为偶数，就需要使用选择结构来实现。根据程序执行路线或分支的不同，选择结构又分为单分支、双分支和多分支三种类型。本章主要介绍 Python 中 if 语句及选择结构的程序设计方法。

4.1　单分支选择结构

用 if 语句可以构成选择结构，它根据给定的条件进行判断，以决定执行某个分支程序段。Python 的 if 语句有三种基本形式，分别是单分支结构、双分支结构和多分支结构。本节主要介绍单分支结构及其使用。

单分支选择 if 语句的一般格式如下：

　　if 表达式：

　　　　语句块

其功能是先计算表达式的值，若为真，则执行语句块，否则跳过执行 if 的语句块执行 if 之后的下一条语句。其执行流程如图 4.1 所示。

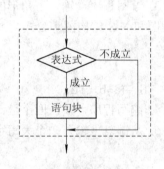

图 4.1　单分支 if 语句的执行流程

注意：

(1) 在 if 语句的表达式后面必须加冒号。

(2) 因为 Python 把非 0 当作真，0 当作假，所以表示条件的表达式不一定必须是结果为 True 或 False 的关系表达式或逻辑表达式，可以是任意表达式。

(3) if 语句中的语句块必须向右缩进，语句块可以是单个语句，也可以是多个语句。当包含两个或两个以上的语句时，语句必须缩进一致，即语句块中的语句必须上下对齐。例如：

```
if x>y:
    t=x
    x=y
    y=t
```

(4) 如果语句块中只有一条语句，if 语句也可以写在同一行上。例如：

x=10

if x>0: print(2*x-1)

【例 4.1】输入 3 个整数 x、y、z，请将这 3 个数由小到大输出。

分析　输入 x、y、z，如果 x>y，则交换 x 和 y，否则不交换；如果 x>z，则交换 x 和 z，否则不交换；如果 y>z，则交换 y 和 z，否则不交换。最后输出 x、y、z。

程序如下：

```
1   x,y,z=eval(input('请输入 x、y、z：'))
2   if x>y:
3       x,y=y,x
4   if x>z:
5       x,z=z,x
6   if y>z:
7       y,z=z,y
8   print (x,y,z)
```

程序运行结果：

请输入 x、y、z：34,156,23

23 34 156

【例 4.2】　输入两个互不相等的整数分别代表两个人的年龄，要求找出年龄的最大值。

分析　根据题目要求需要定义两个整型变量 age1 和 age2 来代表两个人的年龄；再定义一个变量 max 用来存储两个人年龄的最大值。

首先输入互不相等的两个整数，分别赋给 age1 和 age2；然后将 age1 赋给变量 max，即将 age1 看作是最大值，再用 if 语句判断 max 与 age2 的大小关系；如果 max 小于 age2，则把 age2 赋给 max。因此 max 总是最大值，最后输出 max 的值。

程序如下：

```
1   age1,age2=eval(input("请输入互不相等的两个整数："))
2   max=age1
3   if max<age2:
4       max=age2
5   print("年龄最大者是：%d"%max)
```

程序运行结果：

请输入互不相等的两个整数：18,35

年龄最大者是：35

4.2　双分支选择结构

if 语句可以实现双分支选择结构，其一般格式如下：

if 表达式：

语句块 1

else:

　　　　语句块 2

其语句功能是：先计算表达式的值，若为 True，则执行语句块 1，否则执行语句块 2；语句块 1 或者语句块 2 执行后再执行 if 语句后面的语句。其执行流程如图 4.2 所示。

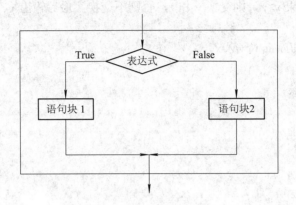

图 4.2　双分支 if 语句的执行过程

　　注意：与单分支 if 语句一样，对于表达式后面或者 else 后面的语句块，应将它们缩进对齐。例如：

```
if x%2==0:
    y=x+y
    x=x+1
else:
    y=2*x
    x=x-1
```

【例 4.3】　输入年份，判断是否是闰年。

　　分析　题目的关键是判断闰年的条件，如果年份能被 4 整除但不能被 100 整除或者能被 400 整除，则是闰年，否则就不是闰年。

程序如下：

```
1    year=int(input('请输入年份: '))
2    if (year%4==0 and year%100!=0) or (year%400==0):
3        print(year,'年是闰年')
4    else:
5        print(year,'年不是闰年')
```

程序运行结果：

　　　　请输入年份: 2017

　　　　2017 年不是闰年

再次运行程序，结果如下：

　　　　请输入年份: 2000

2000 年是闰年

【例 4.4】 行李托运问题：如果行李的重量在 25 千克(不包含 25 千克)以下，收取的托运费用是 18 元；在 25 千克及以上，收取的托运费用是 24 元。

分析：根据题目要求需要定义两个变量，一个变量 weight 代表行李的重量，一个变量 cost 代表运费。行李托运是一个比较过程，首先从键盘输入一个实型数据赋给 weight，代表行李的重量。如果行李的重量 weight 小于 25 千克，cost 的值是 18 元，否则就是 24 元。

程序如下：

```
1   weight=eval(input("请输入行李的重量："))
2   if weight<25:
3        cost=18
4   else:
5        cost=24
6   print("托运费用是：%d"%cost)
```

程序运行结果：

请输入行李的重量：36.25

托运费用是：24

4.3　多分支选择结构

在很多实际问题中，经常会遇到多于两个分支的情况，例如成绩的等级分为优秀、良好、中等、及格以及不及格 5 个层次。如果程序使用 if 语句的嵌套形式来处理，不仅分支较多且不容易理解。对此，Python 提供了 if...elif...else 语句，用于多分支判断。

多分支 if...elif...else 语句的一般格式如下：

if 表达式 1:
　　语句块 1
elif 表达式 2:
　　语句块 2
elif 表达式 3:
　　语句块 3
　　……
elif 表达式 m:
　　语句块 m
[else:
　　语句块 n]

其语句功能是：当表达式 1 的值为 True 时，执行语句块 1，否则求表达式 2 的值；当表达式 2 的值为 True 时，执行语句块 2，否则求表达式 3 的值；依此类推。若表达式的值都为 False，则执行 else 后的语句 n。不管有几个分支，程序执行完一个分支后，其余分支将不再执行。多分支 if 语句的执行过程如图 4.3 所示。

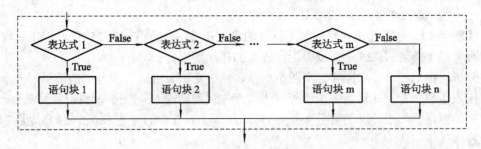

图 4.3　多分支 if 语句的执行过程

【例 4.5】　输入学生的成绩，根据成绩进行分类，85 分以上为优秀，70～84 分为良好，60～69 分为及格，60 分以下为不及格。

分析　将学生成绩分为四个分数段，然后根据各分数段的成绩，输出不同的等级。程序分为四个分支，可以用四个单分支结构实现，也可以用多分支 if 语句实现。

程序如下：

```
1  score=(int)input("请输入学生成绩:")
2  if score <60:
3      print("不及格")
4  elif score <70:
5      print("及格")
6  elif score <85:
7      print("良好")
8  else:
9      print("优秀")
```

程序运行结果：

```
请输入学生成绩：83
良好
```

【例 4.6】　从键盘输入一个字符 ch，判断它是英文字母、数字还是其他字符。

分析　本题应进行三种情况的判断：

(1) 英文字母：ch>="a" and ch<="z" or ch>="A" and ch<="Z"

(2) 数字字符：ch>="0" and ch<="9"

(3) 其他字符。

程序如下：

```
1  ch=input("请输入一个字符：")
2  if ch>="a" and ch<="z" or ch>="A" and ch<="Z":
3      print("%c  是英文字母"%ch)
4  elif ch>="0" and ch<="9":
5      print("%c  是数字"%ch)
6  else:
7      print("%c  是其他字符"%ch)
```

程序运行结果：

　　请输入一个字符：L

　　L 是英文字母

再次运行结果如下：

　　请输入一个字符：#

　　# 是其他字符

4.4　选择结构的嵌套

选择结构的嵌套是指在一个选择结构中又完整地嵌套了另一个选择结构，即外层的 if…else…又完整地嵌套另一个 if…else…。例如：

语句一：

```
if 表达式 1:
    if 表达式 2:
        语句块 1
    else:
        语句块 2
```

语句二：

```
if 表达式 1:
    if 表达式 2:
        语句块 1
else:
    语句块 2
```

Python 根据对齐关系来确定 if 之间的逻辑关系。在语句一中，else 与第二个 if 匹配，在语句二中 else 与第一个 if 匹配。

注意：

(1) 嵌套只能在一个分支内嵌套，不能出现交叉。嵌套的形式有多种，嵌套的层次也可以任意多。

(2) 多层 if 嵌套结构中，要特别注意 if 和 else 的配对问题。else 语句不能单独使用，必须与 if 配对使用。配对的原则是：按照空格缩进，else 与和它在同一列上对齐的 if 配对组合成一条完整的语句。

【例 4.7】 选择结构的嵌套问题。购买地铁车票的规定如下：

乘 1～4 站，3 元/位；乘 5～9 站，4 元/位；乘 9 站以上，5 元/位。 输入人数、站数，输出应付款。

分析　需要进行两次分支。根据"人数<=4"分支一次，表达式为假时，还需要根据"人数<=9"分支一次。流程图如图 4.4 所示。

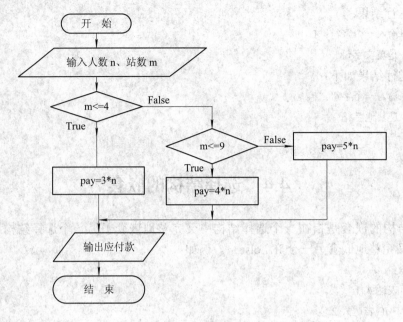

图 4.4　计算乘地铁应付款

程序如下:

```
1  n, m=eval(input('请输入人数，站数:'))
2  if m<=4:
3      pay=3*n
4  else:
5      if m<=9:
6          pay=4*n
7  else:
8      pay=5*n
9  print('应付款：', pay)
```

程序运行结果:

请输入人数，站数：3,5

应付款： 12

【例 4.8】 求一元二次方程的根。

程序如下:

```
1  import math
2  a,b,c=eval(input("请输入一元二次方程的系数: "))
3  if a == 0:
4          print('输入错误!')
5  else:
6          delta = b*b−4*a*c
7          x = −b/(2*a)
```

```
8               if delta == 0:
9                   print('方程有唯一解，X=%f'%(x))
10              elif delta > 0:
11                  x1 = x-math.sqrt(delta)/(2*a)
12                  x2 = x+math.sqrt(delta)/(2*a)
13                  print('方程有两个实根:X1=%f,X2=%f'%(x1,x2))
14              else:
15                  x1 = (−b+complex(0,1)*math.sqrt((−1)*delta))/(2*a)
16                  x2 = (−b-complex(0,1)*math.sqrt((−1)*delta))/(2*a)
17                  print('方程有两个虚根，分别是：')
18                  print(x1,x2)
```

程序运行结果：

> 请输入一元二次方程的系数: 0,1,1
> 输入错误!

再次运行结果如下：

> 请输入一元二次方程的系数: 1,2,1
> 方程有唯一解，X=−1.000000

再次运行结果如下：

> 请输入一元二次方程的系数: 5,2,3

方程有两个虚根，分别是：

> (−0.2+0.7483314773547882j) (−0.2−0.7483314773547882j)

4.5 选择结构程序举例

选择结构在执行时依据一定的条件选择程序的执行路径。程序设计的关键在于构造合适的分支条件和分析程序流程，根据不同的程序流程选择适当的分支语句。为了加深对选择结构程序设计方法的理解，本节介绍一些典型应用。

【例 4.9】 从键盘输入一个实数，不调用 math.h 中的库函数，计算其绝对值和平方值并输出。

程序如下：

```
1   a=float(input('input:'))
2   if a>=0:
3       b=a
4   else:
5       b=−a
6   c=a**2
7   print("abs=%f,square=%f"%(b,c))
```

程序运行结果：

```
input:-5
abs=5.000000,square=25.000000
```

【例 4.10】 输入三角形的三个边长，求三角形的面积。

分析 设 a、b、c 表示三角形的三个边长，则构成三角形的充分必要条件是任意两边之和大于第三边，即 a+b>c，b+c>a，c+a>b。如果该条件满足，则可按照海伦公式计算三角形的面积：

$$s = \sqrt{p(p-a)(p-b)(p-c)}$$

其中 p=(a+b+c)/2。

程序如下：

```
1   from math import *
2   a,b,c=eval(input('a，b，c = '))
3   if a+b>c and a+c>b and b+c>a:
4       p=(a+b+c)/2
5       s=sqrt(p*(p-a)*(p-b)*(p-c))
6       print('area=',s)
7   else:
8       print('input data error')
```

程序运行结果：

```
a，b，c = 3,4,5
area= 6.0
```

【例 4.11】 输入一个整数，判断它是否为水仙花数。所谓水仙花数，是指这样的一些三位整数：各位数字的立方和等于该数本身，例如 $153=1^3+5^3+3^3$，因此 153 是水仙花数。

分析 题目的关键是先分别求出这个三位整数的个位、十位和百位数字，再根据判定条件判断该数是否为水仙花数。

程序如下：

```
1   x=int(input('请输入三位整数 x：'))
2   a=x//100
3   b=(x-a*100)//10
4   c=x-100*a-10*b
5   if x==a**3+b**3+c**3:
6       print(x,'是水仙花数')
7   else:
8       print( x,'不是水仙花数')
```

程序运行结果：

```
请输入三位整数 x：153
153 是水仙花数
```

【例 4.12】 某运输公司的收费按照用户运送货物的路程进行计算，其运费折扣标准如表 4.1 所示。请编写程序计算运输公司的计费。

表 4.1 运输公司运费计算方法

路程/km	运费的折扣	路程/km	运费的折扣
s<250	没有折扣	1000≤s<2000	8%折扣
250≤s<500	2%折扣	2000≤s<3000	10%折扣
500≤s<1000	5%折扣	s≥3000	15%折扣

分析 首先要输入路程，然后根据路程决定运费折扣是多少，再进行运费的计算。

程序如下：

```
1  s=float(input("请输入路程："))
2  if s<250:
3      fee=s
4  if 250<=s<500:
5      fee =(0.98)*s
6  if 500<=s<1000:
7      fee =(0.95)*s
8  if 1000<=s<2000:
9      fee =(0.92)*s
10 if 2000<=s<3000:
11     fee =(0.90)*s
12 if 3000<=s:
13     fee =(0.85)*s
14 print('运费是：%.6f'%sum)
```

程序运行结果：

```
请输入路程：300
运费是：294.0
```

【例 4.13】 对输入的任意 x，使用下列公式计算 y 的值并输出。

$$y=\begin{cases} x^2+\sin x & x<-2 \\ x^2+x & -2\le x\le 2 \\ \sqrt{x^2+x+1} & x>2 \end{cases}$$

分析 求正弦 $\sin x$、幂次方 2^x 和开平方根 $\sqrt{x^2+x+1}$ 可使用 Python 语言的标准库 math 函数。

程序如下：

```
1  import math
2  x=int(input("please input x:"))
3  if x<-2:
4      y=x*x+math.sin(x)
5  elif x<=2:
6      y=math.pow(2,x)+x
```

```
7   else:
8       y=math.sqrt(x**2+x+1)
9   print("y=%f"%y)
```

程序运行结果：

```
please input x:3
y=3.605551
```

再次运行结果如下：

```
please input x:1.5
y=4.328427
```

再次运行结果如下：

```
please input x:-25
y=625.132352
```

练 习 题

1. 选择题：

(1) 用 if 语句表示如下分段函数：

$$y = \begin{cases} x^2 - 2x + 3 & x < 1 \\ \sqrt{x-1} & x \geq 1 \end{cases}$$

下面不正确的程序段是(　　)。

A. if(x<1): y=x*x-2*x+3
　　else: y=math.sqrt(x-1)

B. if(x<1): y=x*x-2*x+3
　　y=math.sqrt(x-1)

C. y=x*x-2*x+3
　　if(x>=1): y=math.sqrt(x-1)

D. if(x<1): y=x*x-2*x+3
　　if(x>=1): y=math.sqrt(x-1)

(2) 执行下列 Python 语句将产生的结果是(　　)。

```
x=2
y=2.0
if(x==y): print("Equal")
else: print("No Equal")
```

A. Equal　　　　B. Not Equal　　　　C. 编译错误　　　D. 运行时错误

(3) 下列 Python 程序的运行结果是(　　)。

```
x=0
y=True
print(x>y and 'A'<'B')
```

A. True　　　　B. False　　　　C. 0　　　　D. 1

2. 填空题：

(1) 对于 if 语句中的语句块，应将它们_____。

(2) 当 x=0，y=50 时，语句 z=x if x else y 执行后，z 的值是___。

(3) 判断整数 x 奇偶性的 if 条件语句是_____。

(4) 说明以下 3 个 if 语句的区别：_____。

a: if i>0:	b: if i>0:	c: if i>0:n=1
if j>0 :n=1	if j>0:n=1	else:
else:n=2	else:n=2	if j>0:n=2

(5) 下列程序段的功能是_____。

```
a=3
b=5
if a>b:
   t=a
   a=b
   b=t
print a,b
```

3. 编程题：

(1) 编程计算函数的值：

$$y=\begin{cases} x+9 & 当 x<-4 时 \\ x^2+2x+1 & 当-4\leq x<4 \\ 2x-15 & 当 x\geq 4 时 \end{cases}$$

(2) 在购买某物品时，若标明的价钱 x 在下面范围内，所付钱 y 按对应折扣支付，其数学表达式如下：

$$y=\begin{cases} x & x<1000 \\ 0.9x & 1000\leq x<2000 \\ 0.8x & 2000\leq x<3000 \\ 0.7x & x>3000 \end{cases}$$

(3) 计算器程序：用户输入运算数和四则运算符，输出计算结果。

(4) 数 x、y 和 z，如果 $x^2+y^2+z^2$ 大于 1000，则输出 $x^2+y^2+z^2$ 千位以上的数字，否则输出三个数之和。

(5) 某公司员工的工资计算方法如下：

① 工作时数超过 120 小时者，超过部分加发 15%。

② 工作时数低于 60 小时者，扣发 700 元。

③ 其余按每小时 80 元计发。

输入员工的工号和该员工的工作时数，计算应发工资。

(6) 平面上有两条线段 A 和 B，线段 A 的两端端点坐标分别是(x_1,y_1)和(x_2,y_2)，线段 B 的两端端点坐标分别是(x_3,y_3)和(x_4,y_4)。输入这四个点的坐标，判断两条线段是否有交点，并输出结果。

第 5 章　循环结构程序设计

循环结构是一种重复执行的程序结构。在许多实际问题中，需要对问题的一部分通过若干次的、有规律的重复计算来实现。例如求大量数据之和、迭代求根、递推法求解等，这些都要用到循环结构的程序设计。循环是计算机解题的一个重要特征。计算机运算速度快，最善于进行重复性的工作。

在 Python 中，能用于循环结构的流程控制语句有两种：while 语句和 for 语句。下面将对这两种循环分别进行介绍。

5.1　while 循环结构

5.1.1　while 语句

1. while 语句的一般格式

while 语句的一般语法形式如下：

    while 条件表达式:
        循环体

功能：条件表达式描述循环的条件，循环体语句描述要反复执行的操作，称为循环体。while 语句执行时，先计算条件表达式的值，当条件表达式的值为真(非 0)时，循环条件成立，执行循环体；当条件表达式的值为假(0)时，循环条件不成立，退出循环，执行循环语句的下一条语句。其执行流程如图 5.1 所示。

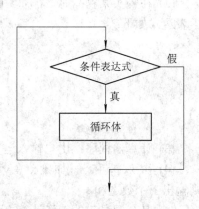

图 5.1　while 循环流程图

注意：

(1) 当循环体由多个语句构成时，必须用缩进对齐的方式组成一个语句块来分隔子句，否则会产生错误。

(2) 与 if 语句的语法类似，如果 while 循环体中只有一条语句，可以将该语句与 while 写在同一行中。

(3) while 语句的条件表达式不需要用括号括起来，表达式后面必须有冒号。

(4) 如果表达式永远为真，循环将会无限地执行下去。在循环体内必须有修改表达式值的语句，使其值趋向 False，让循环趋于结束，避免无限循环。

2. 在 while 语句中使用 else 子句

while 语句中使用 else 子句的一般形式如下：

```
while 条件表达式:
    循环体
else:
    语句
```

Python 与其他大多数语言不同，可以在循环语句中使用 else 子句，即构成了 while-else 循环结构，else 中的语句会在循环正常执行完的情况下执行(不管是否执行循环体)。例如：

```
count=int(input())
while count<5:
    print(count,"is less han 5")
    count=count+1
else:
    print(count,"is not less than 5")
```

程序的一次运行结果如下：

```
8↙
8 is not less than 5
```

在该程序中，当输入 8 时，循环体一次都没有执行，退出循环时，执行 else 子句。

5.1.2　while 语句的应用

【例 5.1】　求 $\sum_{n=1}^{100} n$ 。

分析　该题目实际是求若干个数之和的累加问题。定义 sum 存放累加和，用 n 表示加数，用循环结构解决，每循环一次累加一个整数值，整数的取值范围为 1～100。

程序如下：

```
1  sum,n=0,1
2  while n<=100:
3      sum=sum+n
4      n=n+1
5  print("1+2+3+…+100=",sum)
```

程序运行结果：

```
1+2+3+…+100=5050
```

程序说明：

程序中变量 n 在本题中有两个作用，其一是作为循环计数变量，其二是作为每次被累加的整数值。循环体有两条语句，sum= sum + n 实现累加；n=n+1 使加数 n 每次增 1，这是改变循环条件的语句，否则循环不能终止，成为"死循环"。循环条件是当 n 小丁或等丁 100 时，执行循环体，否则跳出循环，执行循环语句的下一条语句(print 语句)以输出计算结果。

思考：如果将循环体语句"s=s+n"和"n=n+1"互换位置，程序应如何修改？

对于 while 语句的用法，还需要注意以下几点：

(1) 如果 while 后面表达式的值一开始就为假，则循环体一次也不执行。例如：

    a=0

    b=0

    while a>0:

        b=b+1

(2) 循环体中的语句可以是任意类型的语句。

(3) 遇到下列情况，退出 while 循环：

① 表达式不成立；

② 循环体内遇到 break、return 等语句。

【例 5.2】 从键盘上输入若干个数，求所有正数之和。当输入 0 或负数时，程序结束。

程序如下：

```
1   sum=0
2   x=int(input("请输入一个正整数(输入 0 或者负数时结束):"))
3   while x>=0:
4       sum=sum+x
5       x=int(input("请输入一个正整数(输入 0 或者负数时结束):"))
6   print("sum=",sum)
```

程序运行结果：

    请输入一个正整数(输入 0 或者负数时结束):13

    请输入一个正整数(输入 0 或者负数时结束):21

    请输入一个正整数(输入 0 或者负数时结束):5

    请输入一个正整数(输入 0 或者负数时结束):54

    请输入一个正整数(输入 0 或者负数时结束):0

    sum=92

【例 5.3】 输入一个正整数 x，如果 x 满足 0<x<99999，则输出 x 是几位数并输出 x 个位上的数字。

程序如下：

```
1   x=int(input("Please input x: "))
2   if x>=0 and x<99999:
3       i=x
4       n=0
5       while i>0:
6           i=i//10
7           n=n+1
8       a=x%10
9       print("%d 是%d 位数，它的个位上数字是%d"%(x,n,a))
10  else:
11      print("输入错误！")
```

程序运行结果：

　　Please input x: 12345

　　12345 是 5 位数，它的个位上数字是 5

再次运行程序，结果如下：

　　Please input x: -1

　　输入错误！

5.2　for 语句结构

5.2.1　for 语句

1. for 语句的一般格式

　　for 语句是循环控制结构中使用较广泛的一种循环控制语句，特别适合于循环次数确定的情况。其一般格式如下：

　　　　for 目标变量　in　序列对象：

　　　　　　循环体

for 语句的首行定义了目标变量和遍历的序列对象，后面是需要重复执行的语句块。语句块中的语句要向右缩进，且缩进量要一致。

　　注意：

　　(1) for 语句是通过遍历任意序列的元素来建立循环的，针对序列的每一个元素执行一次循环体。列表、字符串、元组都是序列，可以利用它们来建立循环。

　　(2) for 语句也支持一个可选的 else 块，它的功能就像在 while 循环中一样，如果循环离开时没有碰到 break 语句，就会执行 else 块。也就是在序列中所有元素都被访问过之后，执行 else 块。其一般格式如下：

　　　　for 目标变量　in　序列对象：

　　　　　　语句块

　　　　else：

　　　　　　语句

2. rang 对象在 for 循环中的应用

　　在 Python 3.x 中，range()函数返回的是可迭代对象。Python 专门为 for 语句设计了迭代器的处理方法。range()内建函数的一般格式为：

　　　　range([start,]end[,step])

　　range 函数共有 3 个参数，start 和 step 是可选的，start 表示开始，默认值为 0；end 表示结束；step 表示每次跳跃的间距，默认值为 1。函数功能是生成一个从 start 参数的值开始，到 end 参数的值结束(但不包括 end)的数字序列。

　　例如，传递一个参数的rangc()函数如下：

　　　　>>> for i in range(5):

　　　　　　print(i)

```
0
1
2
3
4
```

传递两个参数的 range()函数如下：

```
>>> for i in range(2,4):
    print(i)
2
3
```

传递三个参数的 range()函数如下：

```
>>> for i in range(2,20,3):
    print(i)
2
5
8
11
14
17
```

执行过程中首先对关键字 in 后的对象调用 iter()函数获得迭代器，然后调用 next()函数获得迭代器的元素，直到抛出 StopIteration 异常。

range()函数的工作方式类似于分片。它包含下限(上例中为 0)，但不包含上限(上例中为 5)。如果希望下限为 0，则只可以提供上限。例如：

```
>>>range(10)
[0,1,2,3,4,5,6,7,8,9]
```

【例 5.4】 用 for 循环语句实现例 5.1。

程序如下：

```
1  sum=0
2  for i in range(101):
3      sum=sum+i
4  print("1+2+3+…+100=",sum)
```

例 5.4 采用 range()函数得到一个 0～100 的序列,变量 i 依次从序列中取值并累加到 sum 变量中。

5.2.2　for 语句应用

【例 5.5】 判断 m 是否为素数。

分析　一个自然数，若除了 1 和它本身外不能被其他整数整除，则称为素数，例如 2、3、5、7，…。根据定义，只需检测 m 是否被 2、3、4、…，m-1 整除。只要能被其中一个数整除，则 m 不是素数，否则就是素数。程序中设置标志量 flag，若 flag 为 0，则 m 不是素数；若 flag 为 1，则 m 是素数。

程序如下：

```
1    m=int(input("请输入要判断的正整数 m: "))
2    flag=1
3    for i in range(2,m):
4        if   m%i==0:
5            flag=0
6    if   flag==1:
7        print("%d 是素数"% m)
8    else:
9        print("%d 不是素数"% m)
```

程序运行结果：

请输入要判断的正整数 m: 11

11 是素数

再次运行程序结果如下：

请输入要判断的正整数 m: 20

20 不是素数

【例 5.6】 已知四位数 3025 具有特殊性质：它的前两位数字 30 与后两位数字 25 之和是 55，而 55 的平方正好等于其本身 3025。编写程序，列举出具有这种性质的所有四位数。

分析 采用列举的方法。将给定的四位数按前两位数、后两位数分别进行分离，验证分离后的两个两位数之和的平方是否等于分离前的那个四位数，若等于即输出。

程序如下：

```
1    print("满足条件的四位数分别是：")
2    for i in range(1000,10000):
3        a=i//100
4        b=i%100
5        if   (a+b)**2==i:
6            print(i)
```

程序运行结果：

满足条件的四位数分别是：

2025

3025

9801

【例 5.7】 求出 1 到 100 之间能被 7 或 11 整除、但不能同时被 7 和 11 整除的所有整数并将它们输出，每行输出 10 个。

分析 列举出 1 到 100 之间的所有数据，根据题目中的条件对这些数据进行筛选。要控制每行输出 10 个，则应使用 count 变量，用于计数。每当有一个满足条件的数输出时，count 加 1。当 count 能整除 10 时，则换行。

程序如下：

```
1    print("满足条件的数分别是：")
2    count=0
3    for i in range(1,101):
4        if i%7==0 and i%11!=0 or i%11==0 and i%7!=0:
5            print(i,end="    ")
6            count=count+1
7            if count%10==0:
8                print("")
```

程序运行结果：

满足条件的数分别是：

7   11   14   21   22   28   33   35   42   44

49   55   56   63   66   70   84   88   91   98

99

5.3 循环的嵌套

如果一个循环结构的循环体又包括了一个循环结构，就称为循环的嵌套。这种嵌套过程可以有很多重。一个循环外面仅包含一层循环时称为两重循环；一个循环时外面包围两层循环时称为三重循环；一个循环外面包围多层循环时称为多重循环。

循环语句 while 和 for 可以相互嵌套。在使用循环嵌套时，应注意以下几个问题：

(1) 外层循环和内层循环的控制变量不能同名，以免造成混乱。

(2) 循环嵌套的缩进在逻辑上一定要注意，以保证逻辑上的重要性。

(3) 循环嵌套不能交叉，即一个循环体内必须完整地包含另一个循环。图 5.2 所示的循环嵌套都是合法的嵌套形式。

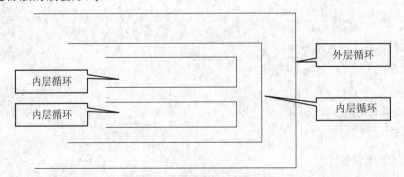

图 5.2　合法的循环嵌套形式

嵌套循环执行时，先由外层循环进入内层循环，并在内层循环终止后接着执行外层循环，再由外层循环进入内层循环中。当内层循环终止时，程序结束。

【例 5.8】 输出九九乘法表，格式如下：

```
1*1=1
```

1*2=2	2*2=4							
1*3=3	2*3=6	3*3=9						
1*4=4	2*4=8	3*4=12	4*4=16					
1*5=5	2*5=10	3*5=15	4*5=20	5*5=25				
1*6=6	2*6=12	3*6=18	4*6=24	5*6=30	6*6=36			
1*7=7	2*7=14	3*7=21	4*7=28	5*7=35	6*7=42	7*7=49		
1*8=8	2*8=16	3*8=24	4*8=32	5*8=40	6*8=48	7*8=56	8*8=64	
1*9=9	2*9=18	3*9=27	4*9=36	5*9=45	6*9=54	7*9=63	8*9=72	9*9=81

程序如下：

```
1   for i in range(1, 10, 1):                #控制行
2       for j in range(1, i+1, 1):           #控制列
3           print("%d*%d=%2d   " % (j,i,i*j),end=" ")
4       print("")       #每行末尾的换行
```

【例 5.9】 找出所有的三位数，要求它的各位数字的立方和正好等于这个三位数。例如：$153=1^3+5^3+3^3$ 就是这样的数。

分析 假设所求的三位数百位数字是 i，十位数字是 j，个位数字是 k，根据题目描述，应满足 $i^3+j^3+k^3=i*100+j*10+k$。

程序如下：

```
1   for i in range(1,10):
2       for j in range(0,10):
3           for k in range(0,10):
4               if i**3+j**3+k**3==i*100+j*10+k:
5                   print("%d%d%d"%(i,j,k))
```

程序运行结果：

```
153
370
371
407
```

从程序中可以看出，三个 for 语句循环嵌套在一起，第二个 for 语句是前一个 for 语句的循环体，第三个 for 语句是第二个 for 语句的循环体，第三个 for 语句的循环体是 if 语句。

【例 5.10】 求 100～200 之间的全部素数。

在例 5.5 中可判断给定的整数 m 是否是素数。本例要求 100 到 200 之间的所有素数，可在外层加一层循环，用于提供要考查的整数 $m=100$、101、…、200。

程序如下：

```
1   print("100~200 之间的素数有：")
2   for m in range(100,201):
3       flag=1
4       for i in range(2,m):
5           if  m%i==0:
```

```
6              flag=0
7              break
8        if flag==1:
9              print(m,end=" ")
```

程序运行结果：

100~200 之间的素数有：

101   103   107   109   113   127   131   137   139   149   151   157   163   167   173   179
181   191   193   197   199

5.4 循环控制语句

有时候我们需要在循环体中提前跳出循环，或者在某种条件满足时，不执行循环体中的某些语句而立即从头开始新的一轮循环，这时就要用到循环控制语句 break 语句、continue 语句和 pass 语句。

5.4.1 break 语句

break 语句用在循环体内，迫使所在循环立即终止，即跳出所在循环体，继续执行循环结构后面的语句。break 语句对循环执行过程的影响如图 5.3 所示。

【例 5.11】求两个整数 a 与 b 的最大公约数。

分析　找出 a 与 b 中较小的一个，则最大公约数必在 1 与较小整数的范围内。使用 for 语句，循环变量 i 从较小整数变化到 1。一旦循环控制变量 i 同时能被 a 与 b 整除，则 i 就是最大公约数，然后使用 break 语句强制退出循环。

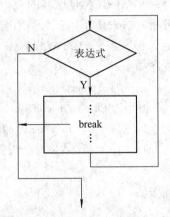

图 5.3　break 语句对循环执行过程的影响示意图

程序如下：

```
1   m,n=eval(input("请输入两个整数："))
2   if m<n:
3         min=m
4   else:
5         min=n
6   for i in range(min,1,-1):
7       if m%i==0 and n%i==0:
8             print("最大公约数是：",i)
9             break
```

程序运行结果：

请输入两个整数：156,18

　　最大公约数是：　6

注意：

(1) break 语句只能用于由 while 和 for 语句构成的循环结构中。

(2) 在循环嵌套的情况下，break 语句只能终止并跳出包含它的最近的一层循环体。

5.4.2　continue 语句

　　当在循环结构中遇到 continue 语句时，程序将跳过 continue 语句后面尚未执行的语句，重新开始下一轮循环，即只结束本次循环的执行，并不终止整个循环的执行。continue 语句对循环执行过程的影响如图 5.4 所示。

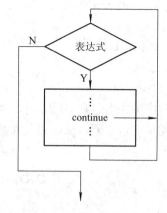

图 5.4　continue 语句对循环执行过程的影响示意图

　　【例 5.12】求 1～100 之间的全部奇数之和。

　　程序如下：

```
1    x=y=0
2    while True:
3        x+=1
4        if not(x%2):continue          #x 为偶数时直接进行下一次循环
5        elif x>100:break              #x>100 时退出循环
6        else:y+=x                     #实现累加
7    print("y=",y)
```

　　程序运行结果：

```
y= 2500
```

5.4.3　pass 语句

　　pass 语句是一个空语句，它不做任何操作，代表一个空操作，在特别的时候用来保证格式或是语义的完整性。例如下面的循环语句：

```
for i in range(5):
        pass
```

该语句的确会循环 5 次，但是除了循环本身之外，它什么也没做。

　　【例 5.13】　pass 语句的应用。逐个输出 "Python" 字符串中的字符。

　　程序如下：

```
1    for letter in "Python":
2        if letter == "o":
3            pass
4            print("This is pass block")
5        print("Current Letter :", letter)
6    print("End!")
```

程序运行结果：

　　Current Letter : P

　　Current Letter : y

　　Current Letter : t

　　Current Letter : h

　　This is pass block

　　Current Letter : o

　　Current Letter : n

　　End!

在程序中，当遇到字母 o 时，执行 pass 语句，接着执行 print("This is pass block")语句。从运行结果可以看到，pass 语句对其他语句的执行没有产生任何影响。

5.5　循环结构程序举例

【例 5.14】　棋盘上的麦粒问题。有一个古老的传说：舍罕王打算奖赏国际象棋的发明人——宰相西萨·班·达依尔，国王问他想要什么，他对国王说："陛下，请您在这张棋盘的第 1 个小格里，赏给我 1 粒麦子，在第 2 个小格里给 2 粒，第 3 个小格给 4 粒，以后每一小格都比前一小格加一倍。请您把这样摆满棋盘上所有 64 格的麦粒，都赏给您的仆人吧！"国王觉得这个要求太容易满足了，就命令人给他这些麦粒。当人们把一袋一袋的麦子都搬来开始记数时，国王才发现：就是把印度甚至全世界的麦粒全拿来，也满足不了那位宰相的要求。那么，宰相要求得到的麦粒有多少呢？

　　分析　问题等价于求下列多项式的和：

$$1 + 2 + 4 + 8 + 16 + \cdots + 2^{62} + 2^{63} \tag{5-1}$$

定义变量 t 和 sum，t 表示累加的通项，初值为 1。从式(5-1)可以看出，后一个累加的通项是前一个累加通项的 2 倍，即 t = t*2。sum 保存累加和，初值为 0。

　　程序如下：

```
1    t=1
2    sum=0
3    for i in range(0,64):
4        sum+=t
5        t*=2
6    print("麦粒数是:",sum)
```

程序运行结果：

　　麦粒数是: 18446744073709551615

【例 5.15】　一个球从 100 米高度自由落下，每次落地后反弹回原高度的一半再落下，求它在第 10 次落地时，共经过多少米，第 10 次反弹多高。

　　分析　计算球经过 10 次反弹落地经过的距离，实际就是进行累加计算，将每次球落地后经过的距离累加。球第 1 次落地的距离为初值 100 米，其后每次落地后要先反弹然后再自由落下，所以累加的一般项为前一项的一半的 2 倍。定义变量 sum 表示经过 10 次落地后共经过的米数，初值为 100；变量 h 为累加项，初值为 sum/2；变量 i 为循环变量，初值为 2。

程序如下：

```
1   sum=100
2   h=sum/2
3   n=2
4   while n<=10:
5       sum+=2*h
6       h=h/2
7       n=n+1
8   print("the total of road is %f meter."%sum)
9   print("the tenth is %f meter."%h)
```

程序运行结果：

the total of road is 299.609375 meter.

the tenth is 0.097656 meter.

【例 5.16】　利用下面的公式求 π 的近似值，要求累加到最后一项小于 10^{-6} 为止。

$$\frac{\pi}{4} \approx 1 - \frac{1}{3} + \frac{1}{5} - \frac{1}{7} + \cdots$$

分析　这是一个累加求和的问题，但是这里的循环次数是预先未知的，而且累加项正负交替出现，如何解决这类问题呢？

在本例中，累加项的构成规律可用寻找累加项通式的方法得到。具体可表示为通式 t=s/n，即累加项由分子和分母两部分组成。分子 s 为+1、−1、+1、−1…交替变化，可以采用赋值语句 s = −s 实现，s 的初始值取为 1；分母 n 为 1、3、5、7…的规律递增，可采用 n=n+2 实现，n 的初始值取为 1.0。

程序如下：

```
1    import math
2    s=1
3    n=1.0
4    t=1.0
5    pi=0
6    while math.fabs(t)>=1e-6:
7        pi=pi+t
8        n=n+2
9        s=-s
10       t=s/n
11   pi=pi*4
12   print("PI=%f"%pi)
```

程序运行结果：

PI=3.141591

【例 5.17】 两个乒乓球队进行比赛，各出三人。甲队为 a、b、c 三人，乙队为 x、y、z 三人。以抽签决定比赛名单。有人向队员打听比赛的名单，a 说他不和 x 比，c 说他不和 x、z 比。编程序找出三队比赛对手的名单。

分析　可采用枚举的方法实现。

程序如下：

```
1    for i in range(ord('x'),ord('z')+1):
2        for j in range(ord('x'),ord('z')+1):
3            if i!=j:
4                for k in range(ord('x'),ord('z')+1):
5                    if (i!= k) and (j != k):
6                        if (i!=ord('x')) and (k!=ord('x')) and (k!=ord('z')):
7                            print('order is:\na --> %s\nb --> %s\nc-->%s' % (chr(i),chr(j),chr(k)))
8
```

程序运行结果：

order is:

a --> z

b --> x

c-->y

【例 5.18】 正弦函数的泰勒展开式是 $\sin x = x - \dfrac{x^3}{3!} + \dfrac{x^5}{5!} - \dfrac{x^7}{7!} + \cdots$，编程计算 $\sin x$ 的值，要求最后一项的绝对值小于 10^{-7}。

分析　分析泰勒展开式的通项式，它由分子(e)、分母(d)和符号(s)三部分组成。设通项式为 fitem，可以得出 $\sin x$ 的通项公式有如下特点：

(1) 分子：$e_0 = x$，$e_i = e_{i-1} \times x \times x$；

(2) 分母：$d_0 = 1$，$d_i = d_{i-1} \times (n+1) \times (n+2)$，$n$ 的初始值取 1；

(3) 符号：$s_0 = 1$，$s_1 = s_{i-1}$。

程序如下：

```
1    s=1
2    i=1
3    a=int(input("请输入角度值(单位：度)："))
4    x=3.1415926/180*a                #将角度转化为弧度
5    sinx=x
6    fitem=e=x                        #第 0 项为 x，分子即为 x
7    d=1                              #第 0 项分母为 1
8    while(fitem>10**-7):
9        e=e*x*x
10       d=d*(i+1)*(i+2)
11       i=i+2
```

```
12        fitem=e/d                    #求通项的绝对值
13        s=-s                         #求该项的符号
14        sinx+=s*fitem                #求正弦值
15    print("sin(%3.1f)=%.3f"%(a,sinx))
```

程序运行结果：

　　请输入角度值(单位：度)：30

　　sin(30.0)=0.500

【例 5.19】　"百钱百鸡"问题。公鸡 5 文钱一只，母鸡 3 文钱一只，小鸡 3 只一文钱。用 100 文钱买一百只鸡，其中公鸡、母鸡、小鸡都必须要有，问公鸡、母鸡、小鸡要买多少只刚好凑足 100 文钱？

　　分析　显然这是一个组合问题，也可以看作是解不定方程的问题，采用列举的方法实现。令 i、j、k 分别表示公鸡、母鸡和小鸡的数目。

　　为了确定取值范围，可以有不同的思路，因而也有不同的实现方法，其计算次数相差甚远。

　　方法 1：令 i、j、k 的列举范围分别如下：

　　i：1~20(公鸡最多能买 20 只)

　　j：1~33(母鸡最多能买 33 只)

　　k：1~100(小鸡最多能买 100 只)

　　可以采用三重循环逐个搜索。

　　程序如下：

```
1    for i in range(1,21):
2        for j in range(1,34):
3            for k in range(1,101):
4                if i+j+k==100 and i*5+j*3+k/3==100:
5                    print("公鸡：%d 只,母鸡：%d 只,小鸡：%d 只"%(i,j,k))
```

程序运行结果：

　　公鸡：4 只,母鸡：18 只,小鸡：78 只

　　公鸡：8 只,母鸡：11 只,小鸡：81 只

　　公鸡：12 只,母鸡：4 只,小鸡：84 只

在程序中，循环体被执行了 20×33×100 = 66 000 次。

　　方法 2：令 i、j、k 的列举范围分别如下(保证每种鸡至少买一只)：

　　i：1～18(公鸡最多能买 18 只)

　　j：1～31(母鸡最多能买 31 只)

　　k：100−i−k(当公鸡和小鸡数量确定后，小鸡的数量可计算得到)

　　可以采用两重循环逐个搜索。

　　程序如下：

```
1    for i in range(1,19):
2        for j in range(1,32):
3            k=100−i−j
```

```
4              if i+j+k==100 and i*5+j*3+k/3==100:
5                  print("公鸡：%d 只,母鸡：%d 只,小鸡：%d 只"%(i,j,k))
```

在程序中，循环体被执行了 18×81=558 次。

方法 3：从题意可得到下列方程组：

$$\begin{cases} i + j + k = 100 \\ 5i + 3j + \dfrac{k}{3} = 100 \end{cases}$$

由方程组可得到式子 7i+4j=100。由于 i 和 j 至少为 1，因此可知 i 最大为 13，j 最大为 23。方法二的两重循环可改进为以下程序：

```
1       for i in range(1,14):
2           for j in range(1,24):
3               k=100-i-j
4               if i+j+k==100 and i*5+j*3+k/3==100:
5                   print("公鸡：%d 只,母鸡：%d 只,小鸡：%d 只"%(i,j,k))
```

该程序的循环体被执行了 14×24=336 次。

方法 4：由方法 3 中的式 7i+4j=100 可得：j=(100−7i)/4。观察 7i+4j=100，4j 同 100 都是 4 的倍数，因此 i 一定也是 4 的倍数。有了这些条件，程序实现时只需要对 i 进行逐个搜索即可，i 的搜索范围为 1~13。

采用单层循环进行逐个搜索。

程序如下：

```
1    for i in range(1,14):
2        j=(100-7*i)/4
3        k=100-i-j
4        if i%4==0:
5            print("公鸡：%d 只,母鸡：%d 只,小鸡：%d 只"%(i,j,k))
```

该算法程序只循环了 13 次。

上述四种方法都能得到相同的运行结果。从程序执行次数分析可知，由于程序的搜索策略不同，程序的运算量也不同。

练 习 题

1. 选择题：

(1) 以下 for 语句中，（　　）不能完成 1~10 的累加功能。

A. for i in range(10,0):sum+=i   B. for i in range(1,11):sum+=i

C. for i in range(10,0,−1):sum+=i   D. for i in range(10,9,8,7,6,5,4,3,2,1):sum+=i

(2) 设有如下程序段：

```
k=10

while k:
```

```
        k=k-1
            print(k)
```
则下面语句描述中正确的是(　　　)。

A. while 循环执行 10 次　　　　　　　　B. 循环是无限循环

C. 循环体语句一次也不执行　　　　　　D. 循环体语句执行一次

(3) 以下 while 语句中的表达式"not E"等价于(　　　)。

```
    while not E:
        pass
```
A. E==0　　　　　　　B. E!=1　　　　　　C. E!=0　　　　　　D. E==1

(4) 下列程序的运行结果是(　　　)。

```
    sum=0
    for i in range(100):
        if(i%10):
            continue
        sum=sum+1
    print(sum)
```
A. 5050　　　　　　　B. 4950　　　　　　C. 450　　　　　　D. 10

(5) 下列 for 循环执行后，输出结果的最后一行是(　　　)。

```
    for i in range(1,3):
        for j in range(2,5):
            print(i*j)
```
A. 2　　　　　　　　B. 6　　　　　　　C. 8　　　　　　　D. 15

(6) 下列说法中正确的是(　　　)。

A. break 用在 for 语句中，而 continue 用在 while 语句中

B. break 用在 while 语句中，而 continue 用在 for 语句中

C. continue 能结束循环，而 break 只能结束本次循环

D. break 能结束循环，而 continue 只能结束本次循环

2. 填空题：

(1) Python 提供了两种基本的循环结构：＿＿＿＿和＿＿＿＿＿。

(2) 循环语句 for i in range(−3,21,4)的循环次数为＿＿＿。

(3) 要使语句 for i in range(_,−4,−2)循环执行 15 次,则循环变量 i 的初值应当为＿＿＿。

(4) 执行下列 Python 语句后的输出结果是＿＿＿，循环执行了＿＿＿次。

```
    i=-1;
    while(i<0);
        i*=i
    print(i)
```
(5) 当循环结构的循环体由多个语句构成时，必须用＿＿＿＿＿＿的方式组成一个语句块。

(6) Python 无穷循环 while true:的循环体中可用＿＿＿＿语句退出循环。

3. 一个 5 位数，判断它是不是回文数。例如 12321 是回文数，个位与万位相同，十位与千位相同。

4. 求 1+2!+3!+…+20!的和。

5. 求 200 以内能被 11 整除的所有正整数，并统计满足条件的数的个数。

6. 编写一个程序，求 e 的值，当通项小于 10^7 时停止计算。

$$e \approx 1 + \frac{1}{1!} + \frac{1}{2!} + \cdots + \frac{1}{n!}$$

第6章　组合数据类型

在实际的应用过程中，通常要面对的并不是单一变量、单一数据，而是大批量的数据。如果将这些数据组织成基本数据类型进行处理，显然效率太低。为了实现批量处理，Python提供了组合数据类型。

6.1　组合数据类型概述

组合数据类型将多个相同类型或不同类型的数据组织起来。根据数据之间的关系，组合数据类型可分为 3 类，分别是序列类型、集合类型和映射类型。序列类型包括列表、元组和字符串等；集合类型包括集合；映射类型包括字典。

对于序列类型、集合类型以及映射类型，Python 都提供了大量的可直接调用的方法。本章后续将对这些方法进行详细介绍。

1．序列类型

序列是程序设计中最基本的数据结构。几乎每一种程序设计语言都提供了类似的数据结构，例如 C 语言和 Visual Basic 中的数组等。序列是一系列连续值，这些值通常是相关的，并且按照一定顺序排序。Python 提供的序列类型使用灵活，功能强大。

序列中的每一个元素都有自己的位置编号，可以通过偏移量索引来读取数据。图 6.1 是一个包含 11 个元素的序列。最开始的第一个元素索引为 0，第二个元素索引为 1，以此类推；也可以从最后一个元素开始计数，最后一个元素的索引是−1，倒数第二个元素的索引就是−2，以此类推。可以通过索引获取序列中的元素，其一般形式为：

序列名[索引]

其中，索引又称为"下标"或"位置编号"，必须是整数或整型表达式。在包含了 n 个元素的序列中，索引的取值为 0、1、2、……、n−1 和−1、−2、−3、……、−n，即范围为−n～n−1。

字符	H	e	l	l	o		W	o	r	l	d
索引	0	1	2	3	4	5	6	7	8	9	10
索引	−11	−10	−9	−8	−7	−6	−5	−4	−3	−2	−1

图 6.1　序列元素与索引对应图

2. 集合类型

集合类型与数学中的集合概念一致。集合类型中的元素是无序的，无法通过下标索引的方法访问集合类型中的每一个数值，且集合中的元素不能重复。

集合中的元素类型只能是固定的数据类型，即其中不能存在可变数据类型。列表、字典和集合类型本身都是可变类型，不能作为集合的元素。

3. 映射类型

映射类型是"键-值"对的集合。元素之间是无序的，通过键可以找出该键对应的值，即键代表着一个属性，值则代表着这个属性代表的内容，键值对将映射关系结构化。

映射类型的典型代表是字典。

6.2　列　　表

列表(list)是 Python 中重要的内置数据类型。列表是一个元素的有序集合。一个列表中元素的数据类型可以各不相同，所有元素放在一对方括号"["和"]"中，相邻元素之间用逗号分隔开。例如：

　　　　[1,2,3,4,5]

　　　　['Python', 'C','HTML','Java','Perl ']

　　　　['wade',3.0,81,['bosh','haslem']]　　　　#列表中嵌套了列表类型

6.2.1　列表的基本操作

1. 列表的创建

使用赋值运算符"="将一个列表赋值给变量即可创建列表对象。例如：

　　　　>>>a_list= ['physics', 'chemistry',2017, 2.5]

　　　　>>>b_list=['wade',3.0,81,['bosh','haslem']]　　　　#列表中嵌套了列表类型

　　　　>>>c_list=[1,2,(3.0,'hello world!')]　　　　#列表中嵌套了元组类型

　　　　>>>d_list=[]　　　　#创建一个空列表

2. 列表元素读取

使用索引可以直接访问列表元素，方法为：列表名[索引]。如果指定索引不存在，则提示下标越界。例如：

　　　　>>>a_list= ['physics', 'chemistry',2017, 2.5,[0.5,3]]

　　　　>>>a_list[1]

　　　　'chemistry'

　　　　>>> a_list[-1]

　　　　[0.5, 3]

　　　　>>> a_list[5]

　　　　Traceback (most recent call last):

```
    File "<pyshell#9>", line 1, in <module>
        a_list[5]
    IndexError: list index out of range
```

3．列表切片

使用"列表序号对"的方法来截取列表中的任意部分，得到一个新列表，称为列表的切片操作。切片操作的方法是：

列表名[开始索引:结束索引:步长]。

开始索引：表示第一个元素对象，正索引位置默认为 0；负索引位置默认为 −len(consequence)。

结束索引：表示最后一个元素对象，正索引位置默认为 len(consequence)−1；负索引位置默认为−1。

步长：表示取值的步长，默认为 1，步长值不能为 0。

例如：

```
>>> a_list[1:3]        #开始为 1，结束为 2，不包括 3，步长缺省 1
['chemistry', 2017]
>>> a_list[1:-1]
['chemistry', 2017, 2.5]
>>> a_list[:3]         #左索引缺省为 0
['physics', 'chemistry', 2017]
>>> a_list[1:]         #从第一个元素开始截取列表
['chemistry', 2017, 2.5, [0.5, 3]]
>>> a_list[:]          #左右索引均缺省
['physics', 'chemistry', 2017, 2.5, [0.5, 3]]
>>> a_list[::2]        #左右索引均缺省，步长为 2
['physics', 2017, [0.5, 3]]
```

4．添加元素

在实际应用中，列表元素的添加和删除操作也是经常遇到的操作，Python 提供了多种不同的方法来实现这一功能。

(1) 使用"+"运算符将一个新列表添加在原列表的尾部。例如：

```
>>> id(a_list)         #获取列表 a_list 的地址
49411096
>>> a_list=a_list+[5]
>>> a_list
['physics', 'chemistry', 2017, 2.5, [0.5, 3], 5]
>>> id(a_list)         #获取添加元素之后 a_list 的地址
49844992
```

从上面的例子可以看出，"+"运算符在形式上实现了列表元素的增加。但从增加前后列表的地址看，这种方法并不是真的为原列表添加元素，而是创建了一个新列表，并将原列表和增加列表依次复制到新创建列表的内存空间。由于需要进行大量元素的复制，因此该方法操作速度较慢，大量元素添加时不建议使用该方法。

(2) 使用列表对象的 append()方法向列表尾部添加一个新的元素。这种方法在原地址上进行操作，速度较快。例如：

```
>>> a_list.append('Python')
>>> a_list
['physics', 'chemistry', 2017, 2.5, [0.5, 3], 5, 'Python']
```

(3) 使用列表对象的 extend()方法将一个新列表添加在原列表的尾部。与"+"的方法不同，这种方法在原列表地址上操作。例如：

```
>>> a_list.extend([2017,'C'])
>>> a_list
['physics', 'chemistry', 2017, 2.5, [0.5, 3], 5, 'Python', 2017, 'C']
```

(4) 使用列表对象的 insert()方法将一个元素插入到列表的指定位置。该方法有两个参数：第一个参数为插入位置；第二个参数为插入元素。例如：

```
>>> a_list.insert(1,3.5)        #插入位置为位置编号
>>> a_list
['physics', 2017, 'chemistry', 3.5, 2.5, [0.5, 3], 5, 'Python', 2017, 'C']
```

5. 检索元素

(1) 使用列表对象的 index()方法可以获取指定元素首次出现的下标，语法为：index(value[,start,[,end]])，其中 start 和 end 分别用来指定检索的开始和结束位置，start 默认为 0，end 默认为列表长度。例如：

```
>>> a_list.index(2017)           #在 a_list 列表中检索
1
>>> a_list.index(2017,2)         #从 a_list 列表第 2 个元素开始进行检索
8
>>> a_list.index(2017,5,7)       #在 a_list 列表第 5~7 个元素中检索
Traceback (most recent call last):
    File "<pyshell#10>", line 1, in <module>
        a_list.index(2017,5,7)
ValueError: 2017 is not in list    #在指定范围中没有检索到元素，提示错误信息
```

(2) 使用列表对象的 count()方法统计列表中指定元素出现的次数。例如：

```
>>> a_list.count(2017)
2
>>> a_list.count([0.5,3])
1
>>> a_list.count(0.5)
0
```

(3) 使用 in 运算符检索某个元素是否在该列表中。如果元素在列表中，返回 True，否则返回 False。例如：

```
>>> 5 in a_list
True
>>> 0.5 in a_list
False
```

6. 删除元素

(1) 使用 del 命令删除列表中指定位置的元素。例如：

```
>>> del a_list[2]
>>> a_list
['physics', 2017, 3.5, 2.5, [0.5, 3], 5, 'Python', 2017, 'C']
```

执行 del a_list[2]后，a_list 中位置编号为 2 的元素被删除，该元素后面的元素自动前移一个位置。

del 命令也可以直接删除整个列表。例如：

```
>>> b_list=[10,7,1.5]
>>> b_list
[10, 7, 1.5]
>>> del b_list
>>> b_list
Traceback (most recent call last):
    File "<pyshell#42>", line 1, in <module>
        b_list
NameError: name 'b_list' is not defined
```

删除对象 b_list 之后，该对象就不存在了，再次访问就会提出错误。

(2) 使用列表对象的 remove()方法删除首次出现的指定元素。如果列表中不存在要删除的元素，提示出错信息。例如：

```
>>>a_list.remove(2017)
>>> a_list
['physics', 3.5, 2.5, [0.5, 3], 5, 'Python', 2017, 'C']
>>> a_list.remove(2017)
>>> a_list
['physics', 3.5, 2.5, [0.5, 3], 5, 'Python', 'C']
>>> a_list.remove(2017)
Traceback (most recent call last):
    File "<pyshell#30>", line 1, in <module>
        a_list.remove(2017)
ValueError: list.remove(x): x not in list
```

执行第一个 a_list.remove(2017)，删除了第一个 2017，a_list 内容变为['physics', 3.5, 2.5, [0.5, 3], 5, 'Python', 2017, 'C']；执行第二个 a_list.remove(2017)，删除了第二个 2017，a_list 内容变为['physics', 3.5, 2.5, [0.5, 3], 5, 'Python', 'C']；执行第三个 a_list.remove(2017)，系统提示出错。

(3) 使用列表的 pop()方法删除并返回指定位置上的元素，缺省参数时删除最后一个位置上的元素。如果给定的索引超出了列表的范围，则提示出错。例如：

```
>>> a_list.pop()
'C'
>>> a_list
['physics', 3.5, 2.5, [0.5, 3], 5, 'Python']
>>> a_list.pop(1)
3.5
>>> a_list
['physics', 2.5, [0.5, 3], 5, 'Python']
>>> a_list.pop(5)
Traceback (most recent call last):
    File "<pyshell#35>", line 1, in <module>
        a_list.pop(5)
IndexError: pop index out of range
```

6.2.2 列表的常用函数

1. cmp()

格式：

```
cmp(列表 1,列表 2)
```

功能：对两个列表逐项进行比较。先比较列表的第一个元素，若相同则分别取两个列表的下一个元素进行比较，若不同则终止比较。如果第一个列表最后比较的元素大于第二个列表，则结果为 1，相反则为-1，元素完全相同则结果为 0，类似于>、<、==等关系运算符。例如：

```
>>>cmp([1,2,5],[1,2,3])
1
>>> cmp([1,2,3],[1,2,3])
0
>>>cmp([123, 'Bsaic'],[ 123, 'Python'])
-1
```

在 Python 3.x 中，不再支持 cmp()函数，可以直接使用关系运算符来比较数值或列表，比较结果为 True 或 False。例如：

```
>>> [123,'Bsaic']>[ 123,'Python']
False
```

```
>>> [1,2,3]==[1,2,3]
True
```

2. len()

格式：

len(列表)

功能：返回列表中的元素个数。例如：

```
>>> a_list= ['physics', 'chemistry',2017, 2.5,[0.5,3]]
>>> len(a_list)
5
>>> len([1,2.0,'hello'])
3
```

3. max()和 min()

格式：

max(列表)，min(列表)

功能：返回列表中的最大或最小元素。要求所有元素之间可以进行大小比较。例如：

```
>>> a_list=['123', 'xyz', 'zara', 'abc']
>>> max(a_list)
'zara'
>>> min(a_list)
'123'
```

4. sum()

格式：

sum(列表)

功能：对数值型列表的元素进行求和运算，对非数值型列表运算则出错。例如：

```
>>> a_list=[23,59,−1,2.5,39]
>>> sum(a_list)
122.5
>>> b_list=['123', 'xyz', 'zara', 'abc']
>>> sum(b_list)
Traceback (most recent call last):
    File "<pyshell#11>", line 1, in <module>
        sum(b_list)
TypeError: unsupported operand type(s) for +: 'int' and 'str'
```

5. sorted()

格式：

sorted(列表)

功能：对列表进行排序，默认是按照升序排序。该方法不会改变原列表的顺序。例如：

```
>>> a_list=[80, 48, 35, 95, 98, 65, 99, 95, 18, 71]
>>> sorted(a_list)
[18, 35, 48, 65, 71, 80, 95, 95, 98, 99]
>>>a_list                    #输出 a_list 列表，该列表原来的顺序并没有改变
[80, 48, 35, 95, 98, 65, 99, 95, 18, 71]
```

如果需要进行降序排序，在 sorted()函数的列表参数后面增加一个 reverse 参数，让其值等于 True 则表示降序排序，等于 Flase 表示升序排序。例如：

```
>>> a_list=[80, 48, 35, 95, 98, 65, 99, 95, 18, 71]
>>> sorted(a_list,reverse=True)
[99, 98, 95, 95, 80, 71, 65, 48, 35, 18]
>>> sorted(a_list,reverse=False)
[18, 35, 48, 65, 71, 80, 95, 95, 98, 99]
```

6. sort()

格式：

```
list.sort()
```

功能：对列表进行排序，排序后的新列表会覆盖原列表，默认为升序排序。例如：

```
>>> a_list=[80, 48, 35, 95, 98, 65, 99, 95, 18, 71]
>>> a_list.sort()
>>> a_list                    #输出 a_list 列表，该列表原来的顺序被改变了
[18, 35, 48, 65, 71, 80, 95, 95, 98, 99]
```

如果需要进行降序排序，在 sort()方法中增加一个 reverse 参数，让其值等于 True 则表示降序排序，等于 Flase 表示升序排序。例如：

```
>>> a_list=[80, 48, 35, 95, 98, 65, 99, 95, 18, 71]
>>> a_list.sort(reverse=True)
>>> a_list
[99, 98, 95, 95, 80, 71, 65, 48, 35, 18]
>>> a_list.sort(reverse=False)
>>> a_list
[18, 35, 48, 65, 71, 80, 95, 95, 98, 99]
```

7. reverse()

格式：

```
list.reverse()
```

功能：对 list 列表中的元素进行翻转存放，不会对原列表进行排序。例如：

```
>>> a_list=[80, 48, 35, 95, 98, 65, 99, 95, 18, 71]
>>> a_list.reverse()
>>> a_list
[71, 18, 95, 99, 65, 98, 95, 35, 48, 80]
```

列表基本操作及常用函数总结如表 6.1 所示。

表 6.1   列表基本操作及常用函数

方 法	功 能
list.append(obj)	在列表末尾添加新的对象
list.extend(seq)	在列表末尾一次性追加另一个序列中的多个值
list.insert(index, obj)	将对象插入列表
list.index(obj)	从列表中找出某个值第一个匹配项的索引位置
list.count(obj)	统计某个元素在列表中出现的次数
list.remove(obj):	移除列表中某个值的第一个匹配项
list.pop(obj=list[-1])	移除列表中的一个元素(默认最后一个元素),并且返回该元素的值
sort()	对原列表进行排序
reverse()	反向存放列表元素
cmp(list1, list2)	比较两个列表的元素
len(list)	求列表元素个数
max(list)	返回列表元素的最大值
min(list)	返回列表元素的最小值
list(seq)	将元组转换为列表
sum(list)	对数值型列表元素求和

6.2.3   列表应用举例

【例 6.1】从键盘上输入一批数据,对这些数据进行逆置,最后按照逆置后的结果输出。

分析   将输入的数据存放在列表中,将列表的所有元素镜像对调,即第一个与最后一个对调,第二个与倒数第二个对调,依此类推。

程序如下:

```
1  b_list=input("请输入数据:")
2  a_list=[]
3  for i in b_list.split(','):
4  a_list.append(i)
5  print("逆置前数据为:",a_list)
6  n=len(a_list)
7  for i in range(n//2):
8  a_list[i],a_list[n-i-1]=a_list[n-i-1],a_list[i]
9  print("逆置后数据为:",a_list)
```

程序运行结果:

请输入数据:"Python",2017,98.5,7102,'program'

逆置前数据为: ['"Python"', '2017', '98.5', '7102', "'program'"]

逆置后数据为: ["'program'", '7102', '98.5', '2017', '"Python"']

【例 6.2】　编写程序，求出 1000 以内的所有完数，并按下面的格式输出其因子：

　　　　6 its factors are 1，2，3。

分析　一个数如果恰好等于它的因子之和，这个数就称为"完数"。例如 6 就是一个完数，因为 6 的因子有 1、2、3，且 6=1+2+3。

题目的关键是求因子。对于从 2 到 100 之间的数，对于任意的数 a，采用循环从 1 到 a−1 进行检查。如果检测到某个数是 a 的因数，则将该因数存放在列表中，并将其累加起来；如果因数之和正好和该数相等，则数 a 是完数。

程序如下：

```
1    m=1000
2    for a in range(2,m+1):
3        s=0
4        L1=[]
5        for i in range(1,a):
6            if a%i==0:
7                s+=i
8                L1.append(i)
9        if s==a:
10            print("%d   its factors are："%a,L1)
```

程序运行结果：

　　6　its factors are：　[1, 2, 3]

　　28　its factors are：　[1, 2, 4, 7, 14]

　　496　its factors are：　[1, 2, 4, 8, 16, 31, 62, 124, 248]

6.3　元　　组

与列表类似，元组(tuple)也是 Python 的重要序列结构。但元组属于不可变序列，其元素不可改变，即元组一旦创建，用任何方法都不能修改元素的值。如果确实需要修改，只能再创建一个新元组。

元组的定义形式与列表类似，区别在于定义元组时所有元素放在一对圆括号"("和")"中。例如：

　　(1,2,3,4,5)

　　('Python', 'C','HTML','Java','Perl ')

6.3.1　元组的基本操作

1．元组的创建

使用赋值运算符"="将一个元组赋值给变量即可创建元组对象。例如：

　　>>>a_tuple= ('physics', 'chemistry',2017, 2.5)

　　>>>b_tuple=(1,2,(3.0,'hello world!'))　　　　　　　#元组中嵌套了元组类型

```
>>>c_tuple =('wade',3.0,81,[ 'bosh','haslem'])        #元组中嵌套了列表类型
>>>d_tuple =()                                         #创建一个空元组
```

如果要创建只包含 1 个元素的元组，只把元素放在圆括号里并不能创建元素，这是因为圆括号既可以表示元组，又可以表示数学公式中的小括号，产生了歧义。在这种情况下，Python 规定，按小括号进行计算。因此要创建只包含 1 个元素的元组，需要在元素后面加一个逗号 "，"，而创建多个元素的元组时则没有这个规定。例如：

```
>>> x=(1)
>>> x
1
>>> y=(1,)
>>> y
(1,)
>>> z=(1,2)
>>> z
(1, 2)
```

注意：Python 在显示只有 1 个元素的元组时，也会加一个逗号 "，"，以免将元组的界定符误解成数学计算意义上的括号。

2. 读取元素

与列表相同，使用索引可以直接访问元组的元素，方法为：元组名[索引]。例如：

```
>>> a_tuple= ('physics', 'chemistry',2017, 2.5)
>>> a_tuple[1]
'chemistry'
>>> a_tuple[-1]
2.5
>>> a_tuple[5]
Traceback (most recent call last):
    File "<pyshell#14>", line 1, in <module>
        a_tuple[5]
IndexError: tuple index out of range
```

3. 元组切片

元组也可以进行切片操作，方法与列表类似。对元组切片可以得到一个新元组。例如：

```
>>> a_tuple[1:3]
('chemistry', 2017)
>>> a_tuple[::3]
('physics', 2.5)
```

4. 检索元素

(1) 使用元组对象的 index()方法可以获取指定元素首次出现的下标。例如：

```
>>> a_tuple.index(2017)
```

```
2
>>> a_tuple.index('physics',-3)
Traceback (most recent call last):        #在指定范围中没有检索到元素，提示错误信息
   File "<pyshell#24>", line 1, in <module>
       a_tuple.index('physics',-3)
ValueError: tuple.index(x): x not in tuple
```

(2) 使用元组对象的 count()方法统计元组中指定元素出现的次数。例如：

```
>>> a_tuple.count(2017)
1
>>> a_tuple.count(1)
0
```

(3) 使用 in 运算符检索某个元素是否在该元组中。如果元素在元组中，返回 True，否则返回 False。例如：

```
>>> 'chemistry' in a_tuple
True
>>> 0.5 in a_tuple
False
```

5. 删除元组

使用 del 语句删除元组，删除之后对象就不存在了，再次访问会出错。例如：

```
>>> del a_tuple
>>> a_tuple
Traceback (most recent call last):
    File "<pyshell#30>", line 1, in <module>
      a_tuple
NameError: name 'a_tuple' is not defined
```

6.3.2　列表与元组的区别及转换

1. 列表与元组的区别

列表和元组在定义和操作上有很多相似的地方，不同点在于列表是可变序列，可以修改列表中元素的值，也可以增加和删除列表元素；而元组是不可变序列，元组中的数据一旦定义就不允许通过任何方式改变。因此元组没有 append()、insert()和 extend()方法，不能给元组添加元素，也没有 remove()和 pop()方法，也不支持对元组元素进行 del 操作，不能从元组删除元素。

与列表相比，元组具有以下优点。

(1) 元组的处理速度和访问速度比列表快。如果定义了一系列常量值，主要对其进行遍历或者类似用途，而不需要对其元素进行修改，这种情况一般使用元组。可以认为元组对不需要修改的数据进行了"写保护"，可以使代码更安全。

(2) 作为不可变序列，元组(包含数值、字符串和其他元组的不可变数据)可用作字典的

键。而列表不可以充当字典的键，因为列表是可变的。

2. 列表与元组的转换

列表可以转换成元组，元组也可以转换成列表。内置函数 tuple()可以接收一个列表作为参数，返回包含同样元素的元组，list()可以接收一个元组作为参数，返回包含同样元素的列表。例如：

```
>>> a_list= ['physics', 'chemistry',2017, 2.5,[0.5,3]]
>>> tuple(a_list)
('physics', 'chemistry', 2017, 2.5, [0.5, 3])
>>> type(a_list)              #查看调用 tuple()函数之后 a_list 的类型
<class 'list'>                #a_list 类型并没有改变
>>> b_tuple=(1,2,(3.0,'hello world!'))
>>> list(b_tuple)
[1, 2, (3.0, 'hello world!')]
>>> type(b_tuple)             #查看调用 list()函数之后 b_tuple 的类型
<class 'tuple'>              #b_tuple 类型并没有改变
```

从效果看，tuple()函数可以看作是在冻结列表使其不可变，而 list()函数是在融化元组使其可变。

6.3.3　元组应用

元组中元素的值不可改变，但元组中可变序列的元素的值可以改变。

例如，利用元组来一次性给多个变量赋值：

```
>>> v = ('a', 2, True)
>>> (x,y,z)=v
>>> v = ('Python', 2, True)
>>> (x,y,z)=v
>>> x
'Python'
>>> y
2
>>> z
True
```

6.4　字　符　串

Python 中的字符串是一个有序的字符集合，用于存储或表示基于文本的信息。它不仅能保存文本，而且能保存"非打印字符"或二进制数据。

Python 中的字符串用一对单引号(')或双引号(")括起来。例如：

```
>>> 'Python'
```

'Python'

>>>"Python Program"

'Python Program'

6.4.1　三重引号字符串

　　Python 中有一种特殊的字符串，用三重引号表示。如果字符串占据了几行，但却想让 Python 保留输入时使用的准确格式，例如行与行之间的回车符、引号、制表符或者其他信息都保存下来，则可以使用三重引号，即字符串以三个单引号或三个双引号开头，并且以三个同类型的引号结束。采用这种方式，可以将整个段落作为单个字符串进行处理。例如：

　　　　>>> '''Python is an "object-oriented"

　　open-source programming language'''

　　'Python is an "object-oriented"\n open-source programming language'

6.4.2　字符串基本操作

1. 字符串创建

　　使用赋值运算符"="将一个字符串赋值给变量即可创建字符串对象。例如：

　　　　>>> str1="Hello"

　　　　>>> str1

　　　　>>>'Hello'

　　　　>>> str2='Program \n\'Python\''　　#将包含有转义字符的字符串赋给变量

　　　　>>> str2

　　　　"Program \n'Python'"

2. 字符串元素读取

　　与列表相同，使用索引可以直接访问字符串中的元素，方法为：字符名[索引]。例如：

　　　　>>> str1[0]

　　　　'H'

　　　　>>> str1[-1]

　　　　'o'

3. 字符串切片

　　字符串的切片就是从字符串中分离出部分字符，操作方法与列表相同，即采取"字符名[开始索引:结束索引:步长]"的方法。例如：

　　　　>>> str="Python Program"

　　　　>>> str[0:5:2]　　#从第 0 个字符开始到第 4 个字符结束，每隔一个取一个字符

　　　　'Pto'

　　　　>>> str[:]　　　　　　　　#取出 str 字符本身

　　　　'Python Program'

　　　　>>> str[-1:-20]　　　　　　#从−1 开始，到−20 结束，步长为 1

　　　　''　　　　　　　　　　　　#结果为空串

```
>>> str[-1:-20:-1]          #将字符串由后向前逆向读取
'margorP nohtyP'
```

4. 连接

字符串连接运算可使用运算符 "+"，将两个字符串对象连接起来，得到一个新的字符串对象。例如：

```
>>> "Hello"+"World"
'HelloWorld'
>>> "P"+"y"+"t"+"h"+"o"+"n"+"Program"
'PythonProgram'
```

将字符串和数值类型数据进行连接时，需要使用 str()函数将数值数据转换成字符串，然后再进行连接运算。例如：

```
>>> "Python"+str(3)
'Python3'
```

5. 重复

字符串重复操作使用运算符 "*"，构建一个由字符串自身重复连接而成的字符串对象。例如：

```
>>> "Hello"*3
'HelloHelloHello'
>>> 3*"Hello World!"
'Hello World!Hello World!Hello World!'
```

6. 关系运算

与数值类型数据一样，字符串也能进行关系运算，但关系运算的意义和在整型数据上使用时略有不同。

1) 单字符字符串的比较

单个字符字符串的比较是按照字符的 ASCII 码值大小进行比较的。例如：

```
>>> "a"=="a"
True
>>> "a"=="A"
False
>>> "0">"1"
False
```

2) 多字符字符串的比较

当字符串中的字符多于一个时，比较仍是基于字符的 ASCII 码值的概念进行的。其过程是并行地检查两个字符串中位于同一位置的字符，然后向前推进，直到找到两个不同的字符为止，具体方法为：

(1) 从两个字符串中索引为 0 的位置开始比较。

(2) 比较位于当前位置的两个单字符。

如果两个字符相等，则两个字符串的当前索引加 1，回到步骤(2)；如果两个字符不相等，返回这两个字符的比较结果，作为字符串比较的结果。

(3) 如果两个字符串比较到一个字符串结束时，对应位置的字符都相等，则较长的字符串更大。

例如：

>>> "abc"<"abd"

True

>>> "abc">"abcd"

False

>>> "abc"<"cde"

True

>>> ""<"0"

True

注意：空字符串("")比其他字符串都小，因为它的长度为 0。

7. 成员运算

字符串使用 in 或 not in 运算符判断一个字符串是否属于另一个字符串。其一般形式为：

字符串 1 [not] in 字符串 2

其返回值为 True 或 False。例如：

>>> "ab" in "aabb"

True

>>> "abc" in "aabbcc"

False

>>> "a" not in "abc"

False

6.4.3　字符串的常用方法

1. 子串查找

子串查找就是在主串中查找子串，如果找到则返回子串在主串中的位置，找不到则返回−1。Python 提供了 find()方法进行查找，一般形式为：

str.find(substr,[start,[,end]])

其中 substr 是要查找的子串；start 和 end 是可选项，分别表示查找的开始位置和结束位置。例如：

>>> s1="beijing xi'an tianjin beijing chongqing"

>>> s1.find("beijing")

0

>>> s1.find("beijing",3)

22

>>> s1.find("beijing",3,20)

-1

2. 字符串替换

字符串替换 replace()方法的一般形式为：

    str.replace(old, new[,max])

其中，old 是要进行更换的旧字符串，new 是用于替换 old 子字符串的新字符串，max 是可选项。

该方法的功能是把字符串中的 old(旧字符串)替换成 new(新字符串)，如果指定了第三个参数 max，则替换不超过 max 次。例如：

    >>> s2 = "this is string example. this is string example."

    >>> s2.replace("is", "was")   #s2 中所有的 is 都替换成 was

    'thwas was string example. thwas was string example.'

    >>> s2 = "this is string example. this is string example."

    >>> s2.replace("is", "was",2)   #s2 中前面两个 is 替换成 was

    'thwas was string example. this is string example.'

3. 字符串分离

字符串分离是将一个字符串分离成多个子串组成的列表。Python 提供了 split()实现字符串的分离，其一般形式是：

    str.split([sep])

其中，sep 表示分隔符，默认以空格作为分隔符。若参数中没有分隔符，则把整个字符串作为列表的一个元素。当有参数时，以该参数进行分割。例如：

    >>> s3="beijing,xi'an,tianjin,beijing,chongqing"

    >>> s3.split(',')   #以逗号作为分隔符

    ['beijing', "xi'an", 'tianjin', 'beijing', 'chongqing']

    >>> s3.split('a')   #以字符 a 作为分隔符

    ["beijing,xi'", 'n,ti', 'njin,beijing,chongqing']

    >>> s3.split()   #没有分隔符，整个字符串作为列表的一个元素

    ["beijing,xi'an,tianjin,beijing,chongqing"]

4. 字符串连接

字符串连接是将列表、元组中的元素以指定的字符(分隔符)连接起来生成一个新的字符串，使用 join()方法实现，其一般形式是：

    sep.join(sequence)

其中 sep 表示分隔符，可以为空；sequence 是要连接的元素序列。功能是以 sep 作为分隔符，将 sequence 所有的元素合并成一个新的字符串并返回该字符串。例如：

    >>> s4=["beijing","xi'an","tianjin", "chongqing"]

    >>> sep="-->"

    >>> str=sep.join(s4)   #连接列表元素

    >>> str   #输出连接结果

    "beijing-->xi'an-->tianjin-->chongqing"

```
>>>s5=("Hello","World")
>>>sep=""
>>> sep.join(s5)                    #连接元组元素
'HelloWorld'
```

字符串常用方法总结如表 6.2 所示。

表 6.2　字符串常用方法

方　　法	功　　能
str.find(substr,[start,[,end]])	定位子串 substr 在 str 中第一次出现的位置
str.replace(old,new[,max])	用字符串 new 替代 str 中的 old
str.split([sep])	以 sep 为分隔符，把 str 分隔成一个列表
sep.join(sequence)	把 sequence 的元素用连接符 seq 连接起来
str.count(substr,[start,[,end]])	统计 str 中有多少个 substr
str.strip()	去掉 str 中两端空格
str.lstrip()	去掉 str 中左边空格
str.rstrip()	去掉 str 中右边空格
str.strip([chars])	去掉 str 中两端字符串 chars
str.isalpha()	判断 str 是否全是字母
str.isdigit()	判断 str 是否全是数字
str.isupper()	判断 str 是否全是大写字母
str.islower()	判断 str 是否全是小写字母
str.lower()	转换 str 中所有大写字母为小写
str.upper()	转换 str 中所有小写字母为大写
str.swapcase()	将 str 中的大小写字母互换
str.capitalize()	将字符串 str 中第一个字母变成大写，其他字母变小写

6.4.4　字符串应用举例

【例 6.3】 从键盘输入 5 个英文单词，输出其中以元音字母开头的单词。

分析 首先将所有的元音字母存放在字符串 str 中，然后循环地输入 10 个英文单词，并将这些单词存放在列表中；再然后从列表中一一取出这些单词，采用分片的方法提取出单词的首字母；最后遍历存放元音的字符串 str，判断单词的首字母是否在 str 中。

程序如下：

```
1   str="AEIOUaeiou"
2   a_list=[]
3   for i in range(0,5):
4       word=input("请输入一个英文单词：")
5       a_list.appcnd(word)
6   print("输入的 5 个英文单词是：",a_list)
7   print("首字母是元音的英文单词有：")
```

```
8     for i in range(0,5):
9         for ch in str:
10            if a_list[i][0]==ch:
11                print(a_list[i])
12                break
```

程序运行结果：

请输入一个英文单词：china

请输入一个英文单词：program

请输入一个英文单词：Egg

请输入一个英文单词：apple

请输入一个英文单词：software

输入的 5 个英文单词是：['china', 'program', 'Egg', 'apple', 'software']

首字母是元音的英文单词有：

Egg

apple

【例 6.4】　输入一段字符，统计其中单词的个数，单词之间用空格分隔。

分析　按照题意，连续的一段不含空格类字符的字符串就是单词。将连续的若干个空格作为出现一次空格，那么单词的个数可以由空格出现的次数(连续的若干个空格看作一次空格，一行开头的空格不统计)来决定。如果当前字符是非空格类字符，而它的前一个字符是空格，则可看做是新单词开始，累积单词个数的变量加 1；如果当前字符是非空格类字符，而它的前一个字符也是非空各类字符，则可看作是旧单词的继续，累积单词个数的变量保持不变。

程序如下：

```
1     str=input("请输入一串字符：")
2     flag=0
3     count=0
4
5     for c in str:
6         if c==" ":
7             flag=0
8         else:
9             if flag==0:
10                flag=1
11                count=count+1
12    print("共有%d 个单词"%count)
```

程序运行结果：

请输入一串字符：Python is an object-oriented　programming language often used for rapid application　development

共有 12 个单词

【**例 6.5**】 输入一行字符，分别统计出其中英文字母、空格、数字和其他字符的个数。

　　分析　首先输入一个字符串，根据字符串中每个字符的 ASCII 码值判断其类型。数字 0~9 对应的码值为 48~57，大写字母 A~Z 对应 65~90，小写字母 a~z 对应 97~122。使用 ord()函数将字符转换为 ASCII 码表上对应的数值，先找出各类型的字符，放到不同列表中，再分别计算列表的长度。

　　程序如下：

```
1    a_list = list(input('请输入一行字符：'))
2    letter = []
3    space = []
4    number = []
5    other = []
6
7    for i in range(len(a_list)):
8        if ord(a_list[i]) in range(65, 91) or ord(a_list[i]) in range(97,123):
9            letter.append(a_list[i])
10       elif a_list[i] == ' ':
11           space.append(' ')
12       elif ord(a_list[i]) in range(48, 58):
13           number.append(a_list[i])
14       else:
15           other.append(a_list[i])
16
17   print('英文字母个数：%s' % len(letter))
18   print('空格个数：%s' % len(apace))
19   print('数字个数：%s' % len(number))
20   print('其他字符个数：%s' % len(other))
```

　　程序运行结果：

　　请输入一行字符：Python 3.5.2 中文版

　　英文字母个数：6

　　空格个数：1

　　数字个数：3

　　其他字符个数：5

6.5　集　　合

　　集合(set)是一组对象的集合，是一个无序排列的、不重复的数据集合体。类似于数学中的集合概念，可对其进行交、并、差等运算。

6.5.1　集合的常用操作

1. 创建集合

(1) 用一对大括号将多个用逗号分隔的数据括起来。例如：

```
>>> a_set={0,1,2,3,4,5,6,7,8,9}
>>> a_set
{0, 1, 2, 3, 4, 5, 6, 7, 8, 9}
```

(2) 使用集合对象的 set()方法创建集合，该方法可以将列表、元组、字符串等类型的数据转换成集合类型的数据。例如：

- 将列表类型的数据转换成集合类型

```
>>> b_set=set(['physics', 'chemistry',2017, 2.5])
>>> b_set
{2017, 2.5, 'chemistry', 'physics'}
```

- 将元组类型的数据转换成集合类型

```
>>> c_set=set(('Python', 'C','HTML','Java','Perl '))
>>> c_set
{'Java', 'HTML', 'C', 'Python', 'Perl '}
>>> d_set=set('Python')          #将字符串类型的数据转换成集合类型
>>> d_set
{'y', 'o', 't', 'h', 'n', 'P'}
```

(3) 使用集合对象的 frozenset()方法创建一个冻结的集合，即该集合不能再添加或删除任何集合里的元素。它与 set()方法创建的集合区别是：set()方法创建的集合可以添加或删除元素，而 frozenset()方法则不行；frozenset()方法可以作为字典的 key，也可以作为其他集合的元素，而 set 不可以。例如：

```
>>> e_set=frozenset('a')          #正确
>>> e_set
frozenset({'a'})
>>> a_dict={e_set:1,'b':2}
>>> a_dict
{frozenset({'a'}): 1, 'b': 2}
>>> f_set=set('a')
>>> f_set
{'a'}
>>> b_dict={f_set:1,'b':2}          #错误
Traceback (most recent call last):
    File "<pyshell#9>", line 1, in <module>
        b_dict={f_set:1,'b':2}
TypeError: unhashable type: 'set'
```

注意：集合中不允许有相同元素。如果在创建集合时有重复元素，Python 会自动删除重复的元素。例如：

```
>>> g_set={0,0,0,0,1,1,1,3,4,5,5,5}
>>> g_set
{0, 1, 3, 4, 5}
```

2. 访问集合

由于集合本身是无序的，所以不能为集合创建索引或切片操作，只能使用 in、not in 或者循环遍历来访问或判断集合元素。例如：

```
>>> b_set=set(['physics', 'chemistry',2017, 2.5])
>>> b_set
{'chemistry', 2017, 2.5, 'physics'}
>>> 2.5 in b_set
True
>>> 2 in b_set
False
>>> for i in b_set:print(i,end=' ')

chemistry 2017 2.5 physics
```

3. 删除集合

使用 del 语句删除集合。例如：

```
>>> a_set={0,1,2,3,4,5,6,7,8,9}
>>> a_set
{0, 1, 2, 3, 4, 5, 6, 7, 8, 9}
>>> del a_set
>>> a_set
Traceback (most recent call last):
    File "<pyshell#66>", line 1, in <module>
        a_set
NameError: name 'a_set' is not defined
```

4. 更新集合

使用以下内建方法来更新可变集合：

(1) 使用集合对象的 add()方法给集合添加元素，一般形式为：s.add(x)，功能是在集合 s 中添加元素 x。例如：

```
>>> b_set.add('math')
>>> b_set
{'chemistry', 2017, 2.5, 'math', 'physics'}
```

(2) 使用集合对象的 update()方法修改集合。一般形式为：s.update(s1,s2,…,sn)，功能是用集合 s_1、s_2、…、s_n 中的成员修改集合 s，$s=s \cup s_1 \cup s_2 \cup \ldots \cup s_n$。例如：

```
>>> s={'Phthon','C','C++'}
>>> s.update({1,2,3},{'Wade','Nash'},{0,1,2})
>>> s
{0, 1, 2, 3, 'Phthon', 'Wade', 'C++', 'Nash', 'C'}        #去除了重复的元素
```

5. 删除集合中的元素

（1）使用集合对象的 remove()方法删除集合元素。一般形式为：s.remove (x)，功能是从集合 s 中删除元素 x；若 x 不存在，则提示错误信息。例如：

```
>>> s={0, 1, 2, 3, 'Phthon', 'Wade', 'C++', 'Nash', 'C'}
>>> s.remove(0)
>>> s
{1, 2, 3, 'Phthon', 'Wade', 'C++', 'Nash', 'C'}
>>> s.remove('Hello')
Traceback (most recent call last):
    File "<pyshell#45>", line 1, in <module>
        s.remove('Hello')
KeyError: 'Hello'
```

（2）使用集合对象的 discard()方法删除集合元素。一般形式为：s. discard (x)，功能是从集合 s 中删除元素 x；若 x 不存在，不提示错误。例如：

```
>>> s.discard('C')
>>> s
{1, 2, 3, 'Phthon', 'Wade', 'C++', 'Nash'}
>>> s.discard('abc')
>>> s
{1, 2, 3, 'Phthon', 'Wade', 'C++', 'Nash'}
```

（3）使用集合对象的 pop()方法删除集合中任意一个元素并返回该元素。例如：

```
>>> s.pop()
1
>>> s
{2, 3, 'Phthon', 'Wade', 'C++', 'Nash'}
```

（4）使用集合对象的 clear()方法删除集合的所有元素。例如：

```
>>> s.clear()
>>> s
set()        #空集合
```

6.5.2　集合常用运算

Python 提供的方法可实现典型的数学集合运算，支持一系列标准操作。

1. 交集

方法：$s_1\&s_2\&\cdots\&s_n$，计算 s_1、s_2、$\cdots$、s_n 这 n 个集合的交集。例如：

>>> {0,1,2,3,4,5,7,8,9}&{0,2,4,6,8}

{8, 0, 2, 4}

>>> {0,1,2,3,4,5,7,8,9}&{0,2,4,6,8}&{1,3,5,7,9}

set()　　　　　　　　　　　#交集为空集合

2. 并集

方法：$s_1|s_2|\ldots|s_n$，计算 s_1、s_2、$\cdots$、s_n 这 n 个集合并集。例如：

>>> {0,1,2,3,4,5,7,8,9}|{0,2,4,6,8}

{0, 1, 2, 3, 4, 5, 6, 7, 8, 9}

>>> {0,1,2,3,4,5}|{0,2,4,6,8}

{0, 1, 2, 3, 4, 5, 6, 8}

3. 差集

方法：$s_1-s_2-\cdots-s_n$，计算 s_1、s_2、$\cdots$、s_n 这 n 个集合差集。例如：

>>> {0,1,2,3,4,5,6,7,8,9}-{0,2,4,6,8}

{1, 3, 5, 9, 7}

>>> {0,1,2,3,4,5,6,7,8,9}-{0,2,4,6,8}-{2,3,4}

{1, 5, 9, 7}

4. 对称差集

方法：$s_1{}^{\wedge}s_2{}^{\wedge}\cdots{}^{\wedge}sn$，计算 s_1、s_2、$\cdots$、s_n 这 n 个集合对称差集，即求所有集合的相异元素。例如：

>>> {0,1,2,3,4,5,6,7,8,9}^{0,2,4,6,8}

{1, 3, 5, 7, 9}

>>> {0,1,2,3,4,5,6,7,8,9}^{0,2,4,6,8}^{1,3,5,7,9}

set()

5. 集合的比较

(1) $s_1==s_2$：判断 s_1 和 s_2 集合是否相等。如果 s_1 和 s_2 集合具有相同的元素，则返回 True，否则返回 False。例如：

>>> {1,2,3,4}=={4,3,2,1}

True

注意：判断两个集合是否相等，只需要判断其中的元素是否一致，与顺序无关。

(2) $s_1!=s_2$：判断 s_1 和 s_2 集合是否不相等。如果 s_1 和 s_2 集合具有不同的元素，则返回 True，否则返回 False。例如：

>>> {1,2,3,4}!={4,3,2,1}

False

>>> {1,2,3,4}!={2,4,6,8}

True

(3) $s_1 < s_2$：判断集合 s_1 是否是集合 s_2 的真子集。如果 s_1 不等于 s_2，且 s_1 中所有元素都是 s_2 的元素，则返回 True，否则返回 False。例如：

>>> {1,2,3,4}<{4,3,2,1}

False

>>> {1,2,3,4}<{1,2,3,4,5}

True

(4) $s_1 <= s_2$：判断集合 s_1 是否是集合 s_2 的子集。如果 s_1 中所有元素都是 s_2 的元素，则返回 True，否则返回 False。例如：

>>> {1,2,3,4}<={1,2,3,4}

True

>>> {1,2,3,4}<{1,2,3,4,5}

True

(5) $s_1 > s_2$：判断集合 s_1 是否是集合 s_2 的真超集。如果 s_1 不等于 s_2，且 s_2 中所有元素都是 s1 的元素，则返回 True，否则返回 False。例如：

>>> {1,2,3,4}>{4,3,2,1}

False

>>> {1,2,3,4}>{3,2,1}

True

(6) $s_1 >= s_2$：判断集合 s_1 是否是集合 s_2 的超集。如果 s_2 中所有元素都是 s_1 的元素，则返回 True，否则返回 False。例如：

>>> {1,2,3,4}>={4,3,2,1}

True

>>> {1,2,3,4}>={3,2,1}

True

适合于可变集合的方法如表 6.3 所示。

表 6.3 可变集合方法

方法	功　　能
s.update(t)	用 t 中的元素修改 s，即修改之后 s 中包含 s 和 t 的成员
s.add(obj)	在 s 集合中添加对象 obj
s.remove(obj)	从集合 s 中删除对象 obj。如果 obj 不是 s 中的元素，将触发 KeyError 错误
s.discard(obj)	如果 obj 是集合 s 中的元素，从集合 s 中删除对象 obj
s.pop()	删除集合 s 中的任意一个对象，并返回该对象
s.clear()	删除集合 s 中的所有元素

6.5.3 集合应用举例

【例 6.6】 在一个列表中只要有一个元素出现两次，那么该列表即被判定为包含重复元素。编写函数判定列表中是否包含重复元素，如果包含返回 True，否则返回 False。使用该函数对 n 行字符串进行处理，统计包含重复元素的行数与不包含重复元素的行数。

　　分析　该题目可利用集合中不允许有重复元素这一特性去判断一个列表中是否包含重复元素。

　　使用集合对象的 set()方法创建集合，将列表类型的数据转换成集合类型的数据，在转换过程中，会去掉列表的重复元素。然后去比较列表的长度和集合长度是否相等，如果相等，则列表中没有重复元素，否则列表中有重复元素。在判断的过程中，分别设定两个变量 flag1 和 flag2 去存储没有重复元素和有重复元素列表的个数。

　　程序如下：

```
1    list1=[]
2    list2=[]
3    flag1=0
4    flag2=0
5    x=int(input("请输入字符串行数 n："))
6    j=1
7    for i in range(x):
8        print("请输入第%d 行数字符串(空格分隔)："%j)
9        list1.append((input().split(' ')))
10       j+=1
11   for i in range(x):
12       list2=list(set(list1[i]))
13       if len(list1[i])!=len(list2):
14           flag2+=1
15       else:
16           flag1+=1
17   print("重复元素有{}行，不重复元素有{}行".format(flag2,flag1))
```

　　程序运行结果：

请输入字符串行数 n：5

请输入第 1 行数字符串(空格分隔)：

A u g u s t

请输入第 2 行数字符串(空格分隔)：

S e p t e m b e r

请输入第 3 行数字符串(空格分隔)：

O c t o b e r

请输入第 4 行数字符串(空格分隔)：

N o v e m h e r

请输入第 5 行数字符串(空格分隔)：

D e c e m b e r

重复元素有 4 行，不重复元素有 1 行

6.6　字　　典

字典(dictionary)是 Python 语言中唯一的映射类型。这种映射类型由键(key)和值(value)组成，是"键值对"的无序可变序列。

定义字典时，每个元组的键和值用冒号分隔，相邻元素之间用逗号分隔，所有的元组放在一对大括号"{"和"}"中。字典中的键可以是 Python 中任意不可变类型，例如整数、实数、复数、字符串、元组等。键不能重复，而值可以重复。一个键只能对应一个值，但多个键可以对应相同的值。例如：

　　　{1001: 'Alice',1002: 'Tom',1003: 'Emily'}

　　　{(1,2,3): 'A',65.5, 'B'}

　　　{'Alice':95,'Beth':82,'Tom':65.5,'Emily':95}

6.6.1　字典常用操作

1. 字典的创建

(1) 使用"="将一个字典赋给一个变量即可创建一个字典变量。例如：

```
>>> a_dict={'Alice':95,'Beth':82,'Tom':65.5,'Emily':95}
>>> a_dict
{'Emily': 95, 'Tom': 65.5, 'Alice': 95, 'Beth': 82}
```

也可创建一个空字典，例如：

```
>>> b_dict={}
>>> b_dict
{}
```

(2) 使用内建 dict()函数，通过其他映射(例如其他字典)或者键值对方式建立字典。例如：

- 以映射函数的方式建立字典，zip 函数返回 tuple 列表

```
>>>c_dict=dict(zip(['one', 'two', 'three'], [1, 2, 3]))
>>>c_dict
{'three': 3, 'one': 1, 'two': 2}
>>>d_dict = dict(one = 1, two = 2, three = 3)
```

- 以键值对方式建立字典

```
>>>d_dict
{'three': 3, 'one': 1, 'two': 2}
>>>e_dict= dict([('one', 1),('two',2),('three',3)])
```

- 以键值对形式的列表建立字典

```
>>>e_dict
{'three': 3, 'one': 1, 'two': 2}
>>>f_dict= dict((('one', 1),('two',2),('three',3)))
```

- 以键值对形式的元组建立字典

```
>>>f_dict
{'three': 3, 'one': 1, 'two': 2}
>>> g_dict=dict()
```

- 创建空字典

```
>>> g_dict
{}
```

(3) 通过内建函数 fromkeys() 来创建字典。formkeys() 的一般形式为：

```
dict.fromkeys(seq[, value])
```

其中，seq 表示字典键值列表；value 为可选参数，用于设置键序列(seq)的值。例如：

```
>>> h_dict={}.fromkeys((1,2,3),'student')   #指定 value 值为 student
>>> h_dict
{1: 'student', 2: 'student', 3: 'student'}
```

#以给参数(1,2,3)为键，不指定 value 值，创建 value 值为空的字典

```
>>> i_dict={}.fromkeys((1,2,3))
>>> i_dict
{1: None, 2: None, 3: None}
>>> j_dict={}.fromkeys(())       #创建空字典
>>> j_dict
{}
```

2. 字典元素的读取

(1) 与列表和元组类似，可以使用下标的方式来访问字典中的元素。字典的下标是键。若使用的键不存在，则提示异常错误。例如：

```
>>> a_dict={'Alice':95,'Beth':82,'Tom':65.5,'Emily':95}
>>> a_dict['Tom']
65.5
>>> a_dict[95]
Traceback (most recent call last):
  File "<pyshell#32>", line 1, in <module>
    a_dict[95]
KeyError: 95
```

(2) 使用字典对象的 get() 方法获取指定"键"对应的"值"。get() 方法的一般形式为：

```
dict.get(key, default=None)
```

其中：key 是指在字典中要查找的"键"，default 是指指定的"键"值不存在时返回的值。该方法相当于一条 if…else…语句，如果参数 key 在字典中则返回 key 对应的 value 值，字典将返回 dict[key]；如果参数 key 不在字典中则返回参数 default；如果没有指定 default，默认值为 None。例如：

```
>>> a_dict.get('Alice')
95
```

```
>>> a_dict.get('a','address')        #键'a'在字典中不存在，返回指定的值'address'
'address'
>>> a_dict.get('a')
>>> print(a_dict.get('a'))           #键'a'在字典中不存在，没有指定值，返回默认的'None'
None
```

3. 字典元素的添加与修改

(1) 字典没有预定义大小的限制，可以随时向字典添加新的键值对，或者修改现有键所关联的值。添加和修改的方法相同，都是使用"字典变量名[键名]=键值"的形式。区分究竟是添加还是修改，需要看键名与字典中的键名是否有重复，若该"键"存在，则表示修改该"键"的值；若不存在，则表示添加一个新的"键值对"，也就是添加一个新的元素。例如：

```
>>> a_dict['Beth']=79            #修改"键"为"Beth"的值
>>> a_dict
{'Alice': 95, 'Beth': 79, 'Emily': 95, 'Tom': 65.5}
>>> a_dict['Eric']=98            #增加元素，"键"为"Eric"，值为 98
>>> a_dict
{'Alice': 95, 'Eric': 98, 'Beth': 79, 'Emily': 95, 'Tom': 65.5}
```

(2) 使用字典对象的update()方法将另一个字典的"键值对"一次性全部添加到当前字典对象。如果当前字典中存在着相同的"键"，则以另一个字典中的"值"为准对当前字典进行更新。例如：

```
>>> a_dict={'Alice': 95, 'Beth': 79, 'Emily': 95, 'Tom': 65.5}
>>> b_dict={'Eric':98,'Tom':82}
>>> a_dict.update(b_dict)        #使用 update()方法修改 a_dict 字典
>>> a_dict
{'Alice': 95, 'Beth': 79, 'Emily': 95, 'Tom': 82, 'Eric': 98}
```

4. 删除字典中的元素

(1) 使用 del 命令删除字典中指定"键"对应的元素。例如：

```
>>> del a_dict['Beth']            #删除"键"为"Beth"的元素
>>> a_dict
{'Alice': 95, 'Emily': 95, 'Tom': 82, 'Eric': 98}
>>> del a_dict[82]               #删除"键"为 32 的元素，不存在，提示出错
Traceback (most recent call last):
  File "<pyshell#56>", line 1, in <module>
    del a_dict[82]
KeyError: 82
```

(2) 使用字典对象的 pop()方法删除并返回指定"键"的元素。例如：

```
>>> a_dict.pop('Alice')
95
>>>a_dict
```

{Emily': 95, 'Tom': 82, 'Eric': 98}

(3) 使用字典对象的 popitem()方法删除字典元素。由于字典是无序的，popitem()实际删除的是一个随机的元素。例如：

>>> a_dict.popitem()

('Emily', 95)

>>> a_dict

{'Tom': 82, 'Eric': 98}

(4) 使用字典对象的 clear()方法删除字典的所有元素。例如：

>>> a_dict.clear()

>>> a_dict

{}

5. 删除字典

使用 del 命令删除字典。例如：

>>> del a_dict

>>> a_dict

Traceback (most recent call last):

　　File "<pyshell#68>", line 1, in <module>

　　　a_dict

NameError: name 'a_dict' is not defined

注意：使用 clear()方法删除了所有字典的元素之后，字典为空；使用 del 删除了字典，该对象被删除，再次访问就会出错。

6.6.2　字典的遍历

结合 for 循环语句，字典的遍历有很多方式。

1. 遍历字典的关键字

使用字典的 keys()方法，以列表的方式返回字典的所有"键"。keys()方法的语法为：dict.keys()。例如：

>>> a_dict={'Alice': 95, 'Beth': 79, 'Emily': 95, 'Tom': 65.5}

>>> a_dict.keys()

dict_keys(['Tom', 'Emily', 'Beth', 'Alice'])

2. 遍历字典的值

使用字典的 values()方法，以列表的方式返回字典的所有"值"。values()方法的语法为：dict. values ()。例如：

>>> a_dict.values()

dict_values([65.5, 95, 79, 95])

3. 遍历字典元素

使用字典的 items()方法，以列表的方式返回字典的所有元素(键、值)。items()方法的语法为：dict. items ()。例如：

```
>>> a_dict.items()
dict_items([('Tom', 65.5), ('Emily', 95), ('Beth', 79), ('Alice', 95)])
```

字典方法总结如表 6.4 所示。

表 6.4　字　典　方　法

方　　法	功　　　能
dict(seq)	用键值对的方式或者映射和关键字参数建立字典
get(key [,returnvalue])	返回 key 的值，若无 key 而指定了 returnvalue，则返回 returnvalue 值；若无此值则返回 None
has_key(key)	如果 key 存在于字典中，就返回 1(真)；否则返回 0(假)
items( )	返回一个由元组构成的列表，每个元组包含一对键值对
keys( )	返回一个由字典所有键构成的列表
popitem( )	删除任意键值对，并作为两个元素的元组返回。如字典为空,则返回KeyError异常
update(newDictionary)	将来自 newDictionary 的所有键值添加到当前字典，并覆盖同名键的值
values( )	以列表的方式返回字典的所有"值"
clear( )	从字典删除所有项

6.6.3　字典应用举例

【例 6.7】 将一个字典的键和值对调。

分析　对调就是将字典的键变为值，值变为键。首先遍历字典，得到原字典的键和值；然后将原来的键作为值，原来的值作为键名；最后采用"字典变量名[键名]=值"方式，逐个添加字典元素。

程序如下：

```
1   a_dict={'a':1,'b':2,'c':3}
2   b_dict={}
3   for key in a_dict:
4       b_dict[a_dict[key]]=key
5   print(b_dict)
```

程序运行结果：

```
{1: 'a', 2: 'b', 3: 'c'}
```

【例 6.8】 输入一串字符，统计其中单词出现的次数，单词之间用空格分隔开。

分析　采用字典数据结构来实现。如果某个单词出现在字典中，可以将单词(键)作为索引来访问它的值，并将它的关联值加 1；如果某个单词(键)不存在于字典中，使用赋值的方式创建键，并将它的关联值置为 1。

程序如下：

```
1   string=input("input string:")
```

```
2    string_list=string.split()
3    word_dict={}
4    for word in string_list:
5            if word in word_dict:
6                    word_dict[word] += 1
7            else:
8                    word_dict[word] = 1
9    print(word_dict)
```

程序运行结果：

　　input string:to be or not to be

　　{'or': 1, 'not': 1, 'to': 2, 'be': 2}

练 习 题

1. 选择题：

(1) 以下关于元组的描述正确的是(　　)。

A. 创建元组 tup：tup = ();　　　　　　　B. 创建元组 tup：tup = (50);

C. 元组中的元素允许被修改　　　　　　　D. 元组中的元素允许被删除

(2) 以下语句的运行结果是(　　)。

Python = "　Python"

print ("study" + Python)

A. studyPython　　　　　B. "study"Python　　　　　C. study Python　　　　　D. 语法错误

(3) 以下关于字典描述错误的是(　　)。

A. 字典是一种可变容器，可存储任意类型对象

B. 每个键值对都用冒号(:)隔开，每个键值对之间用逗号(,)隔开

C. 键值对中，值必须唯一

D. 键值对中，键必须是不可变的

(4) 下列说法错误的是(　　)。

A. 除字典类型外，所有标准对象均可以用于布尔测试

B. 空字符串的布尔值是 False

C. 空列表对象的布尔值是 False

D. 值为 0 的任何数字对象的布尔值是 False

(5) 以下不能创建字典的语句是 (　　)。

A. dict1 = {}　　　　　　　　　　　B. dict2 = { 3 : 5 }

C. dict3 = {[1,2,3]: "uestc"}　　　　　D. dict4 = {(1,2,3): "uestc"}

2. 填空题：

(1) 已知列表 a_list = ['a', 'b', 'c', 'e', 'f', 'g']，按要求完成以下代码：

列出列表 a_list 的长度：_____　；

输出下标值为 3 的元素：＿＿＿＿＿＿＿＿＿＿＿＿＿＿＿ ；

输出列表第 2 个及其后所有的元素：＿＿＿＿＿＿＿＿＿＿＿＿ ；

增加元素'h'：＿＿＿＿＿＿＿＿＿＿＿＿＿ ；

删除第 3 个元素：＿＿＿＿＿＿＿＿＿＿＿＿＿ 。

(2) 按要求转换变量。

将字符串 str = "python" 转换为列表：＿＿＿＿＿＿＿＿＿＿＿＿ ；

将字符串 str = "python" 转换为元组：＿＿＿＿＿＿＿＿＿＿＿ ；

将列表 a_list = ["python", "Java", "C"]转换为元组：＿＿＿＿＿＿＿＿＿＿ ；

将元组 tup = ("python", "Java", "C")转换成列表：＿＿＿＿＿＿＿＿＿＿＿ 。

(3) 已知字符串 str1、str2，判断 str1 是否是 str2 的一部分＿＿＿＿＿＿＿＿＿＿。

(4) 写出以下程序的运行结果＿＿＿＿＿＿＿＿＿＿＿＿＿ 。

```
    def func(s, i, j):
            if i < j:
                func(s, i + 1, j – 1)
                s[i],s[j] = s[j], s[i]
        def main():
            a = [10, 6, 23, –90, 0, 3]
            func(a, 0, len(a)–1)
            for i in range(6):
                print  a[i]
                print "\n"
    main()
```

(5) 已知变量 str= "abc:efg"，写出实现以下功能的代码：

去除变量 str 两边的空格＿＿＿＿＿＿＿＿＿＿＿＿＿ ；

判断变量 str 是否以"ab 开始"＿＿＿＿＿＿＿＿＿＿＿＿ ；

判断变量 str 是否以"g"结尾＿＿＿＿＿＿＿＿＿＿＿＿ ；

将变量 str 对应值中"e"替换为"x"＿＿＿＿＿＿＿＿＿＿＿＿ ；

输出变量 str 对应值的后 2 个字符＿＿＿＿＿＿＿＿＿＿＿ 。

3. 从键盘输入 10 个学生的成绩存储在列表中，求成绩最高者的序号和成绩。

4. 编写程序，生成包含 20 个元素的随机数列表，将前 10 个元素升序排序，后 10 个元素降序排序，并输出结果。

5. 输入 10 名学生的成绩，进行优、良、中、及格和不及格的统计。

6. 将输入的字符串大小写进行转换并输出，例如，输入"aBc"，输出"AbC"。

7. 已知字典 dict = {"name"："Zhang"，"Address"："Shaanxi"，"Phone"："123556"}，编写代码实现以下功能。

(1) 分别输出 dict 所有的键(key)、值(value)；

(2) 输出 dict 的 Address 值；

(3) 修改 dict 的 Phone 值为"029-8888 8888"；

(4) 添加键值对"class"："Python"，并输出；

(5) 删除字典 dict 的 Address 键值对。

8. 编写购物车程序，购物车类型为列表类型，列表的每个元素为一个字典类型，字典键值包括 "name" "price"，使用函数实现如下功能。

(1) 创建购物车：键盘输入商品信息，并输出商品列表，例如：

　　　　输入：　　电脑　1999

　　　　　　　　　鼠标　66

　　　　　　　　　键盘　888

　　　　　　　　　固态硬盘　599

　　　　购物车列表为

　　　　　　　　goods=[

　　　　　　　　{"name":"电脑","price":1999},

　　　　　　　　{"name":"鼠标","price":66},

　　　　　　　　{"name":"键盘","price":888},

　　　　　　　　{"name":"固态硬盘","price":599},

　　　　　　　　]

(2) 键盘输入用户资产(如 2000)，按序号选择商品，加入购物车。若商品总额大于用户资产，提示用户余额不足，否则购买成功。

9. 设计一个字典，用户输入内容作为 "键"，查找输出字典中对应的 "值"。如果用户输入的键不存在，则输出 "该键不存在！"。

10. 已知列表 a_list = [11,22,33,44,55,66,77,88,99,90]，将所有大于 60 的值保存至字典的第一个 key 中，将小于 60 的值保存至第二个 key 的值中。即：{'k1': 大于 66 的所有值, 'k2': 小于 66 的所有值}。

第 7 章 函数与模块

人们在求解某个复杂问题时，通常采用逐步分解、分而治之的方法，也就是将一个大问题分解成若干个比较容易求解的小问题，然后分别求解。同样，程序员在设计一个复杂的应用程序时，编写的程序代码会越来越多、越来越复杂。为了使程序更简洁、可读性更好、更易于维护，也是把整个程序划分成若干个功能较为单一的程序模块，然后分别予以实现，最后再把所有的程序模块像搭积木一样装配起来。这种在程序设计中分而治之的策略称为模块化程序设计方法。Python 语言通过函数来实现程序的模块化，利用函数可以化整为零，简化程序设计。

Python 还可以模块的方式组织程序单元。模块可以看作是一组函数的集合，一个模块可以包含若干个函数。

本章主要讲述函数的定义及其调用，以及模块的定义和导入方法。

7.1 函 数 概 述

函数是一组实现某一特定功能的语句集合，是可以重复调用、功能相对独立完整的程序段。可以把函数看成是一个"黑盒子"，只要输入数据就能得到结果。而函数内部究竟是如何工作的，外部程序是不知道的。外部程序所知道的仅限于给函数输入什么，以及函数执行后输出什么。

1. 使用函数的优点

在编写程序时，使用函数具有明显的优点。

1) 实现程序的模块化

当需要处理的问题比较复杂时，可以把一个大问题划分为若干个小问题，每一个小问题相对独立。不同的小问题，可以分别采用不同的方法加以处理，做到逐步求精。

2) 减轻编程、维护的工作量

把程序中常用的一些计算或操作编写成通用的函数，以供随时调用，可以大大减少程序员的编码及维护的工作量。

2. 函数分类

在 Python 中，可以从不同的角度对函数进行分类。

1) 从用户的使用角度

从用户的使用角度，函数可分为以下两种：

(1) 标准库函数，也称标准函数。这是由 Python 系统提供的，用户不必定义，只需在程序最前面导入该函数原型所在的模块，就可以在程序中直接调用。Python 中提供了很多库函数，方便用户使用。

(2) 用户自定义的函数。由用户按需要、遵循 Python 语言的语法规则自己编写的一段程序，用以实现特定的功能。

2) 从函数参数传送的角度

从函数参数传送的角度，函数可分为以下两种：

(1) 有参函数：在函数定义时带有参数的函数。在函数定义时的参数称为形式参数(简称形参)，在函数调用时的参数称为实际参数(简称实参)。在函数调用时，主调函数和被调函数之间通过参数进行数据传递。主调函数可以把实际参数的值传给被调函数的形式参数。

(2) 无参函数：在函数定义时没有形式参数的函数。在调用无参函数时，主调函数并不将数据传送给被调函数。

7.2　函数的定义与调用

7.2.1　函数定义

在 Python 中，函数定义的基本函数定义一般形式为：

```
def 函数名([形式参数表]):
    函数体
    [return 表达式]
```

函数定义时要注意：

(1) 采用 def 关键字进行函数的定义，不需要指定返回值的类型。

(2) 函数的参数可以是零个、一个或者多个，不需要指定参数类型，多个参数之间用逗号分隔。

(3) 参数括号后面的冒号 ":" 必不可少。

(4) 函数体相对于 def 关键字必须保持一定的空格缩进。

(5) return 语句是可选的，它可以在函数体内任何地方出现，表示函数调用执行到此结束。如果没有 return 语句，会自动返回 None；如果有 return 语句，但是 return 后面没有表达式也返回 None。

(6) Python 还允许定义函数体为空的函数，其一般形式为：

```
def 函数名():
    pass
```

pass 语句什么都不做，用来作占位符，即调用此函数时，什么工作也不做。空函数出现在程序中主要目的为：在函数定义时，因函数的算法还未确定或暂时来不及编写或有待于完善和扩充功能等原因，未给出函数完整的定义。在程序开发过程中，通常先开发主要函数，次要的函数或准备扩充程序功能的函数暂写成空函数，使程序在未完整的情况下能调试部分程序。

【例 7.1】 定义函数，输出"Hello world！"。

程序如下：

```
1  def printHello():        #不带参数，没有返回值
2      print("Hello world！")
```

【例 7.2】 定义函数，求两个数的最大值。

程序如下：

```
1  def max(a,b):
2      if a>b:
3          return a
4      else:
5          return b
```

7.2.2 函数调用

在 Python 中通过函数调用来进行函数的控制转移和相互间数据的传递，并对被调函数进行展开执行。

函数调用的一般形式如下：

> 函数名([实际参数表])

函数调用时传递的参数是实参，实参可以是变量、常量或表达式。当实参个数超过一个时，用逗号分隔。对于无参函数，调用时实参表列为空，但()不能省略。

函数调用的一般过程是：

(1) 为所有形参分配内存单元，再将主调函数的实参传递给对应的形参。

(2) 转去执行被调用函数，为函数体内的变量分配内存单元，执行函数体内语句。

(3) 遇到 return 语句时，返回主调函数并带回返回值(无返回值的函数例外)，释放形参及被调用函数中各变量所占用的内存单元，返回到主调函数继续执行。若程序中无 return 语句，则执行完被调用函数后回到主调函数。

【例 7.3】 编写函数，求 3 个数中的最大值。

程序如下：

```
1   def getMax(a,b,c):
2       if a>b:
3           max=a
4       else:
5           max =b
6       if(c>m):
7           max =c
8       return max
9
10  a,b,c=cval(input("input a,b,c:"))
11  n= getMax (a,b,c)
12  print("max=",n)
```

程序运行结果：

    input a,b,c:10,43,23

    max= 43

注意：在 Python 中不允许前向引用，即在函数定义之前，不允许调用该函数。例如有如下程序：

    print(add(1,2))

    def add(a,b):

        return a+b

程序运行结果：

    Traceback (most recent call last):

        File "F:/ python /add.py", line 1, in <module>

        print(add(1,2))

    NameError: name 'add' is not defined

从给出的错误类型可以知道，名字为"add"的函数未进行定义。所以在任何时候调用函数，必须确保其定义在调用之前，否则运行将出错。

7.3　函数的参数及返回值

函数作为一个数据处理的功能部件，是相对独立的。但在一个程序中，各函数要共同完成一个总的任务，所以函数之间必然存在数据传递。函数间的数据传递包括两个方面：

(1) 数据从主调函数传递给被调函数(通过函数的参数实现)。

(2) 数据从被调函数返回到主调函数(通过函数的返回值实现)。

7.3.1　形式参数和实际参数

在函数定义的首部，函数名后括号中变量称为形式参数，简称形参。形参的个数可以有多个，多个形参之间用逗号隔开。与形参相对应，当一个函数被调用的时候，在被调用处给出对应的参数，这些参数称为实际参数，简称实参。

根据实参传递给形参值的不同，通常有值传递和地址传递两种方式。

1. 值传递方式

所谓值传递方式是指在函数调用时，为形参分配存储单元，并将实参的值复制到形参；函数调用结束，形参所占内存单元被释放，值消失。其特点是：形参和实参各占不同的内存单元，函数中对形参值的改变不会改变实参的值。这就是函数参数的单向传递规则。

【例 7.4】 函数参数的值传递方式。

程序如下：

```
1    def swap(a,b):
2        a,b=b,a
3        print("a=",a,"b=",b)
```

```
4
5    x,y=eval(input("input x,y:"))
6    swap(x,y)
7    print("x=",x,"y=",y)
```

程序运行结果：

```
input x,y:3,5
a= 5 b= 3
x= 3 y= 5
```

在调用 swap(a,b)时，实参 x 的值传递给形参 a，实参 y 的值传递给形参 b，在函数中通过交换赋值，将 a 和 b 的值进行交换。从程序运行结果可以看出，形参 a 和 b 的值进行了交换，而实参 x 和 y 的值并没有交换。其函数参数值传递调用的过程如图 7.1 所示。

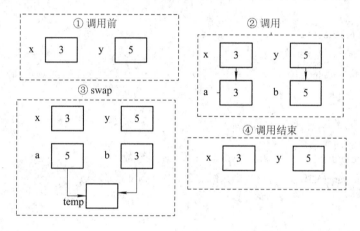

图 7.1　函数参数值传递方式

2. 地址传递方式

所谓地址传递方式是指在函数调用时，将实参数据的存储地址作为参数传递给形参。其特点是：形参和实参占用同样的内存单元，函数中对形参值的改变也会改变实参的值。因此函数参数的地址传递方式可以调用函数与被调用函数之间的双向数据传递。

Python 中将列表对象作为函数的参数，则向函数中传递的是列表的引用地址。

【例 7.5】　函数参数的地址传递方式。

程序如下：

```
1    def swap(a_list):
2        a_list[0],a_list[1]=a_list[1],a_list[0]
3        print("a_list[0]=",a_list[0],"a_list[1]=",a_list[1])
4
5    x_list=[3,5]
6    swap(x_list)
7    print("x_list[0]=",x_list[0],"x_list[1]=",x_list[1])
```

程序运行结果：

```
a_list[0]= 5 a_list[1]= 3
x_list[0]= 5 x_list[1]= 3
```

程序第 6 行，在调用 swap(a_list)时，将列表对象实参 x_list 的地址传递给形参 a_list，x_list 和 a_list 指向同一个内存单元；第 2 行在 swap 函数中 a_list[0]和 a_list[1]进行数据交换时，也使 x_list[0]和 x_list[1]的值进行了交换。

7.3.2 默认参数

在 Python 中，为了简化函数的调用，提供了默认参数机制，可以为函数的参数提供默认值。在函数定义时，直接在函数参数后面使用赋值运算符"="为其设置默认值。在函数调用时，可以不指定具有默认值的参数的值。

【例 7.6】 默认参数应用举例。

程序如下：

```
1   def func(x, n = 2):
2       f = 1
3       for i in range(n):
4           f*=x
5       return f
6
7   print(func(5))         #函数调用时 n 传入默认参数
8   print(func(5,3))       #函数调用时 x 和 n 均传入非默认参数
```

程序运行结果：

```
25
125
```

在函数 func 中有两个参数，其中 n 是默认参数，其值为 2。程序在第 7 行和第 8 行两次调用 func 函数，第 1 次调用使用了 1 个实参 5，没有为形参 n 传值，因此在函数 func 执行过程中，使用默认值 2 作为参数 n 的值，计算 5 的 2 次方；第 2 次调用使用了 2 个实参，给形参 x 传值 5，给 n 传值 3，因此在函数 func 执行过程中，计算 5 的 3 次方。

在定义含有默认参数的函数时，需要注意：

(1) 所有位置参数必须出现在默认参数前，包括函数调用。

例如下面的定义是错误的：

```
def func(a=1,b,c=2):
    return a+b+c
```

这种定义会造成歧义，如果使用调用语句：

```
func(3)
```

进行函数调用，实参 3 将不确定传递给哪个形参。

(2) 默认参数的值只在定义时被设置计算一次。如果函数修改了对象，默认值就被修改了。

【例 7.7】 可变默认参数。

程序如下：

```
1    def func(x, a_list = []):
2        a_list.append(x)
3        return a_list
4
5    print(func(1))
6    print(func(2))
7    print(func(3))
```

程序运行结果：

[1]

[1, 2]

[1, 2, 3]

从程序运行结果可以看出，第一次调用 func 函数时，默认参数 a_list 被设置为空列表，在函数调用过程中，通过 append 方法修改了 a_list 对象的值；第二次调用时，a_list 的默认值是[1]；第三次调用时，a_list 的默认值是[1,2]。

对例 7.7 进行修改，设定默认参数为不可变对象，观察程序的运行结果。

【例 7.8】 不可变默认参数。

程序如下：

```
1    def func(x, a_list = None):
2        if a_list==None:
3            a_list=[]
4        a_list.append(x)
5        return a_list
6
7    print(func(1))
8    print(func(2))
9    print(func(3))
```

程序运行结果：

[1]

[2]

[3]

从程序运行结果可以看出，a_list 指向的是不可变对象，程序第 3 行对 a_list 的操作会造成内存重新分配，对象重新创建。

7.3.3 位置参数和关键字参数

Python 将实参定义为位置参数和关键字参数两种类型。

1. 位置参数

在函数调用时，实参默认采用按照位置顺序传递给形参的方式。之前使用的实参都是位置参数，大多数程序设计语言也都是按照位置参数的方式来传递参数的。

例如，有函数定义为：

```
def func(a,b):
    c=a**b
    return c
```

如果使用 func(2,3)调用语句则函数返回 8，使用 func(3,2)调用语句则函数返回 9。

2. 关键字参数

如果参数较多，使用位置参数定义函数可读性较差。Python 提供了通过"键=值"的形式，按照名称指定参数。

【例 7.9】 使用关键字参数应用举例。

程序如下：

```
1   def func(a,b):
2       c=a**b
3       return c
4
5   func(a=2,b=3)          #使用关键字指定函数参数
6   func(b=3,a=2)          #使用关键字指定函数参数
```

程序运行结果：

```
8
8
```

在程序第 5 行和第 6 行使用了关键字参数，两次函数调用参数的顺序进行了调换，参数的值并没有改变。从运行结果可以看出，仅调用参数次序不修改值，运行结果相同。

关键字参数的使用可以让函数更加清晰，容易使用，同时也清除了参数必须按照顺序进行传递的要求。

7.3.4 可变长参数

有时候一个函数可能在调用时需要使用比定义时更多的参数，这就需要使用可变长参数。Python 支持可变长参数，可变长参数可以是元组或者字典类型，使用方法是在变量名前加星号*或**，以区分一般参数。

1. 元组

当函数的形式参数以*开头时，表示变长参数被作为一个元组来进行处理。

例如：

```
def func(*para_t):
```

在 func()函数中，para_t 被作为一个元组来进行处理，使用 para_t [索引]的方法获取每一个可变长参数。

【例 7.10】 以元组作为可变长参数实例。

程序如下：

```
1   def func(*para_t):
2       print("可变长参数数量为:")
```

```
3        print(len(para_t))
4        print("参数依次为:")
5        for x in range(len(para_t)):
6            print(para_t[x]);              #访问可变长参数内容
7
8    func('a')                              #使用单个参数
9    func(1,2,3,4)                          #使用多个参数
```

程序运行结果：

　　可变长参数数量为：

　　1

　　参数依次为：

　　a

　　可变长参数数量为：

　　4

　　参数依次为：

　　1

　　2

　　3

　　4

程序第 1 行函数定义时使用*para_t 接受多个参数，来实现不定长参数调用；程序第 8 行和第 9 行分别使用不同个数的参数调用 func 函数。

2. 字典

当函数的形式参数以**开头时，表示变长参数被作为一个字典来进行处理。例如：

```
def func(**para_t):
```

可以使用任意多个实参用 func()函数，实参的格式为：

```
键=值
```

其中字典的键值对分别表示可变参数的参数名和值。

【例 7.11】　以字典作为可变长参数实例。

程序如下：

```
1    def func(**para_t):
2            print(para_t)
3
4    func(a=1,b=2,c=3)
```

程序运行结果：

　　{'a': 1, 'b': 2, 'c': 3}

在调用函数时，也可以不指定可变长参数，此时可变长参数是一个没有元素的元组或字典。

【例 7.12】　调用函数使不指定可变长参数。

程序如下：

```
1   def func(*para_a):
2       sum = 0
3       for x in para_a:
4           sum+= x
5       return sum
6
7   print(func())
```

程序运行结果：

```
0
```

在程序第 7 行调用 func 函数时，没有指定参数，因此元组 para_a 没有元素，函数的返回值为 0。

在一个函数中，允许同时定义普通参数以及上述两种形式的可变参数。

【例 7.13】 使用不同形式的可变长参数实例。

程序如下：

```
1   def func(para, *para_a, **para_b):
2       print("para:", para)
3       for value in para_a:
4           print("other para:", value)
5       for key in para_b:
6           print("dictpara:{0}:{1}".format(key,para_b[key]))
7
8   func(1,'a',True, name='Tom',age=12)
```

程序运行结果：

```
para: 1
other para: a
other para: True
dictpara:name:Tom
dictpara:age:12
```

在该程序第 8 行，函数调用时实参有 5 个，第 1 个对应形参 para，第 2 和第 3 个对应形参 para_a，第 4 和第 5 个对应形参 para_b。

同时，可变长参数可以与默认参数、位置参数同时应用于同一个函数中。

【例 7.14】 可变长参数与默认参数、位置参数同时使用。

程序如下：

```
1   def func(x,*para,y = 1):      #默认参数要放到最后
2       print(x)
3       print(para)
4       print(y)
5
```

```
6    func(1,2,3,4,5,6,7,8,9,10,y=100)
```

程序运行结果：

```
1
(2, 3, 4, 5, 6, 7, 8, 9, 10)
100
```

程序运行结果中第一行输出的是 x 的值；第二行输出的是 para 的值，para 以元组形式输出；第三行输出的是 y 的值。

7.3.5　函数的返回值

函数的返回值是指函数被调用、执行完后返回给主调函数的值。一个函数可以有返回值，也可以没有返回值。

返回语句的一般形式为：

```
return  表达式
```

功能：将表达式的值带回给主调函数。当执行完 return 语句时，程序的流程就退出被调函数，返回到主调函数的断点处。

注意：

(1) 在函数内可以根据需要有多条 return 语句，但执行到哪条 return 语句，哪条 return 语句就起作用，如例 7.2。

(2) 如果没有 return 语句，会自动返回 None；如果有 return 语句，但是 return 后面没有表达式也返回 None。例如：

```
def add(a,b):
    c=a+b


x=add(3,20)
print(x)
```

程序运行结果：

```
x= None
```

【例 7.15】　编写函数，判断一个数是否是素数。

分析　所谓素数是指仅能被 1 和自身整除的大于 1 的整数。

程序如下：

```
1    def isprime(n):
2        for i in range(2,n):
3            if(n%i==0):
4                return 0
5        return 1
6
7    m=int(input("请输入一个整数:"))
8    flag=isprime(m)
9    if(flag==1):
```

```
10              print("%d 是素数"%m)
11 else:
12              print("%d 不是素数"%m)
```

程序运行结果：

　　请输入一个整数:35

　　35 不是素数

再次运行程序结果如下：

　　请输入一个整数:5

　　5 是素数

说明： isprime()函数根据形参值是否为素数决定返回值，函数体最后将判断的结果由 return 语句返回给主调函数。

(3) 如果需要从函数中返回多个值时，可以使用元组作为返回值，来间接达到返回多个值的作用。

【例 7.16】 求一个数列中的最大值和最小值。

程序如下：

```
1   def getMaxMin( x ):
2       max = x[0]
3       min = x[0]
4       for i in range( 0, len(x)):
5           if max<x[i]:
6               max = x[i]
7           if min>x[i]:
8               min = x[i]
9       return (max,min)
10
11  a_list = [-1,28,-15,5, 10 ]          #测试数据为列表类型
12  x,y = getMaxMin( a_list )
13  print( "a_list=", a_list)
14  print( "最大元素=",x, "最小元素=", y)
15
16  string = "Hello"                     #测试数据为字符串
17  x,y = getMaxMin( string )
18  print( "string=", string)
19  print( "最大元素=",x, "最小元素=", y)
```

程序运行结果：

　　a_list= [-1, 28, -15, 5, 10]

　　最大元素= 28　最小元素= -15

　　string= Hello

　　最大元素= o　最小元素= H

说明：程序第 9 行的返回语句"return　max,min"也可以写成"return (max,min)"，返回的是元组类型的数据；在第 12 和第 14 行的测试程序中分别将返回值赋给 x 和 y 变量。

7.4　递 归 函 数

在函数的执行过程中又直接或间接地调用该函数本身，这就是函数的递归调用。Python 中允许递归调用。在函数中直接调用函数本身称为直接递归调用。在函数中调用其他函数，其他函数又调用原函数，称为间接递归调用。函数的递归调用如图 7.2 所示。

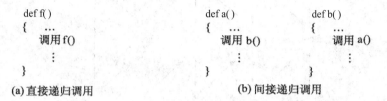

图 7.2　函数的递归调用

例如，求一个数 n 的阶乘，其公式为：

$$n! = \begin{cases} 1 & \text{当 } n = 0 \text{ 时} \\ n*(n-1)! & \text{当 } n > 0 \text{ 时} \end{cases}$$

在求解 n!中使用了(n−1)!，即要计算出 n!，必须先求出(n−1)!；而要知道(n−1)!，必须先求出(n−2)!；以此类推，直到求出 0!＝1 为止。再以此为基础，返回来计算 1!、2!、…、(n−1)!、n!。这种算法称为递归算法，递归算法可以将复杂问题化简。显然，通过函数的递归调用可以实现递归算法。

递归算法具有两个基本特征：

(1) 递推归纳(递归体)：将问题转化成比原问题规模小的同类问题，归纳出一般递推公式。问题规模往往需要用函数的参数来表示。

(2) 递归终止(递归出口)：当规模小到一定的程度应该结束递归调用，逐层返回。常用条件语句来控制何时结束递归。

【例 7.17】 用递归方法求 n!。

递推归纳：n! →(n−1)! → (n−2)! →…→2! → 1!，得到递推公式 n!=n*(n−1)!

递归终止 n=0 时，0!=1；

程序如下：

```
1  def fac(n):
2      if  n==0:
3          f=1
4      else:
5          f=fac(n-1)*n;
6      return f
7
```

```
8    n=int(input("please input n: "))
9    f=fac(n)
10   print("%d!=%d"%(n,f))
```

程序的运行情况：

```
please input n: 4
4!=24
```

计算 4! 时 fac 函数的递归调用过程如图 7.3 所示。

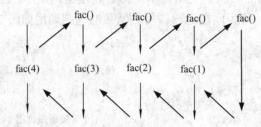

图 7.3　fac 函数的递归调用过程

递归调用的执行分成两个阶段完成：

第一阶段是逐层调用，调用的是函数自身。

第二阶段是逐层返回，返回到调用该层的位置继续执行后续操作。

递归调用是多重嵌套调用的一种特殊情况，每层调用都要用堆栈保护主调层的现场和返回地址。调用的层数一般比较多，递归调用的层数称为递归的深度。

【例 7.18】汉诺(Hanoi)塔问题。假设有三个塔座，分别用 A、B、C 表示，其中一个塔座(设为 A 塔)上有 64 个盘片，盘片大小不等，按大盘在下、小盘在上的顺序叠放着，如图 7.4 所示。现要借助于 B 塔，将这些盘片移到 C 塔去，要求在移动的过程中，每个塔座上的盘片始终保持大盘在下，小盘在上的叠放方式，每次只能移动一个盘片。编程实现移动盘片的过程。

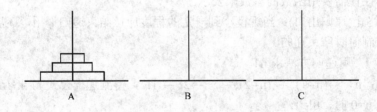

图 7.4　汉诺(Hanoi)塔问题

可以设想：只要能将除最下面的一个盘片外，其余的 63 个盘片从 A 塔借助于 C 塔移至 B 塔上，剩下的一片就可以直接移至 C 塔上。再将其余的 63 个盘片从 B 塔借助于 A 塔移至 C 塔上，问题就解决了。这样就把一个 64 个盘片的 Hanoi 塔问题化简为 2 个 63 个盘片的 Hanoi 塔问题，而每个 63 个盘片的 Hanoi 塔问题又按同样的思路，可以化简为 2 个 62 个盘片的 Hanoi 塔问题。继续递推，直到剩一个盘片时，可直接移动，递归结束。

编程实现：假设要将 n 个盘片按规定从 A 塔移至 C 塔，移动步骤可分为以下 3 步完成。

(1) 把 A 塔上的 n–1 个盘片借助 C 塔移动到 B 塔。

(2) 把第 n 个盘片从 A 塔移至 C 塔。

(3) 把 B 塔上的 n−1 个盘片借助 A 塔移至 C 塔。

算法用函数 hanoi (n, x, y, z) 以递归算法实现，hanoi() 函数的形参为 n、x、y、z，分别存储盘片数、源塔、借用塔和目的塔。调用函数每调用一次，可以使盘片数减 1，当递归调用盘片数为 1 时结束递归。算法描述如下：

如果 n 等于 1，则将这一个盘片从 x 塔移至 z 塔，否则有：

(1) 递归调用 hanoi (n−1, x, z, y)，将 n−1 个盘片从 x 塔借助 z 塔移动到 y 塔。

(2) 将 n 号盘片从 x 塔移至 z 塔。

(3) 递归调用 hanoi (n−1, y, x, z)，将 n−1 个盘片从 y 塔借助 x 塔移动到 z 塔。

程序如下：

```
1   count=0
2   def hanoi(n,x,y,z):
3       global count
4       if n==1:
5           count+=1
6           move(count,x,z)
7       else:
8           hanoi(n-1,x,z,y);              #递归调用
9           count+=1
10          move(count,x,z)
11          hanoi(n-1,y,x,z);              #递归调用
12
13  def move(n,x,y):
14      print("step %d: Move disk form %c to %c"%(count,x,y))
15
16  m=int(input("Input the number of disks:"))
17  print("The steps to moving %d disks:"%m)
18  hanoi(m,'A','B','C')
```

程序运行结果：

Input the number of disks:3

The steps to moving 3 disks:

step 1: Move disk form A to C

step 2: Move disk form A to B

step 3: Move disk form C to B

step 4: Move disk form A to C

step 5: Move disk form B to A

step 6: Move disk form B to C

step 7: Move disk form A to C

n=3 时函数的递归调用过程如图 7.5 所示。

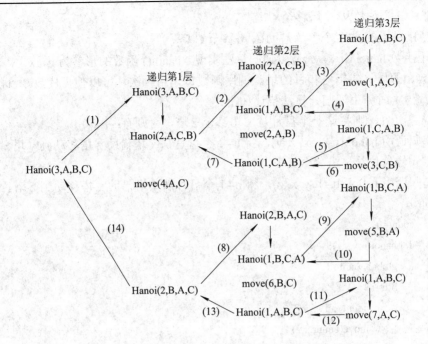

图 7.5　n=3 时函数的递归调用过程

7.5　变量的作用域

当程序中有多个函数时，定义的每个变量只能在一定的范围内访问，称之为变量的作用域。按作用域划分，可以将变量分为局部变量和全局变量。

7.5.1　局部变量

在一个函数内或者语句块内定义的变量称为局部变量。局部变量的作用域仅限于定义它的函数体或语句块中，任意一个函数都不能访问其他函数中定义的局部变量。因此在不同的函数之间可以定义同名的局部变量。虽然同名但却代表不同的变量，不会发生命名冲突。

例如有以下程序段：

```
def fun1(a):
    x=a+10
    ……
def fun2(a,b):
    x,y=a,b
    ……
```

说明·

(1) fun1()函数中定义了形参 a 和局部变量 x，fun2()函数中定义了形参 a、b 和局部变量 x、y，这些变量各自在定义它们的函数体中有效，其作用范围都限定在各自的函数中。

(2) 不同的函数中定义的变量，即使使用相同的变量名也不会互相干扰，互相影响。

例如 fun1()函数和 fun2()函数都定义了变量 a 和 x，变量名相同，作用范围不同。

(3) 形参也是局部变量，例如 fun1 函数中的形参 a。

【例 7.19】　局部变量应用。

程序如下：

```
1   def fun(x):
2           print("x=",x)
3           x=20
4           print("changed local x=",x)
5
6   x=30
7   fun(30)
8   print("main x=",x)
```

程序运行结果：

```
x= 30
changed local x= 20
main x= 30
```

在 fun()函数中，第一次输出 x 的值，x 是形参，值由实参传递而来，是 30；接着执行赋值语句 x=20 后，再次输出 x 的值是 20。主调函数中，x 的值为 30，当调用 fun()函数时，该值不受影响，因此主调函数输出 x 的值是 30。

7.5.2　全局变量

在所有函数之外定义的变量称为全局变量，它可以在多个函数中被引用。例如：

```
m=1                    #定义为全局变量
def func1(a):
    print(m)           #使用全局变量
    ……
n=1                    #定义 n 为全局变量
def func2(a,b):
    n=a*b              #使用局部变量
    ……
```

变量 m 和 n 为全局变量，在函数 func1()和函数 func2()中可以直接引用。

【例 7.20】　全局变量应用。

程序如下：

```
1   x = 30
2   def func():
3           global x
4           print('x 的值是', x)
5           x = 20
6           print('全局变量 x 改为', x)
```

```
7    func()
8    print('x 的值是', x)
```

程序运行结果：

```
x 的值是 30
全局变量 x 改为 20
x 的值是 20
```

7.6　模　　块

随着程序规模越来越大，如何将一个大型文件分割成几个小文件就变得很重要。为了使代码看起来更优美、紧凑，容易修改，适合团体开发，Python 引入了模块的概念。

在 Python 中，可以把程序分割成许多单个文件，这些单个的文件就称为模块。模块就是将一些常用的功能单独放置到一个文件中，方便其他文件来调用。前面编写代码时保存的以 .py 为扩展名的文件，都是一个个独立的模块。

7.6.1　定义模块

与函数类似，从用户的角度看，模块也分为标准库模块和用户自定义模块。

1. 标准库模块

标准库模块是 Python 自带的函数模块。Python 提供了大量的标准库模块，可实现很多常用的功能，如文本处理、文件处理、操作系统功能、网络通信、网络协议等。

(1) 文本处理：包含文本格式化、正则表达式匹配、文本差异计算与合并、Unicode 支持和二进制数据处理等功能。

(2) 文件处理：包含文件基本操作、创建临时文件、文件压缩与归档、操作配置文件等功能。

(3) 操作系统功能：包含线程与进程支持、I/O 复用、日期与时间处理、调用系统函数、日志等功能。

(4) 网络通信：包含网络套接字，SSL 加密通信、异步网络通信等功能。

(5) 网络协议：支持 HTTP、FTP、SMTP、POP、IMAP、NNTP、XMLRPC 等多种网络协议，并提供了编写网络服务器的框架。

(6) 其他功能：包括国际化支持、数学运算、HASH、Tkinter 等。

另外，Python 还提供了大量的第三方模块，使用方式与标准库类似。它们的功能覆盖科学计算、Web 开发、数据库接口、图形系统多个领域。

2. 用户自定义模块

用户建立一个模块就是建立扩展名为.py 的 Python 程序。例如，在一个 module.py 的文件中输入 def 语句，就生成了一个包含属性的模块。

```
def printer(x)
    print(x)
```

当模块导入的时候，Python 把内部的模块名映射为外部的文件名。

7.6.2　导入模块

导入模块就是给出一个访问模块提供的函数、对象和类的方法。模块的导入有三种方法：

1. 引入模块

引入模块的一般形式为：

  import 模块

用 import 语句直接导入模块，在当前的名字空间(namespace)建立了一个到该模块的引用。这种引用必须使用全称，当使用在被导入模块中定义的函数时，必须包含模块的名字。例如：

  >>>import math

【例 7.21】　求列表中值为偶数的和。

程序如下：

```
# evensum.py
1    def func_sum(a_list):
2        s=0
3        for i in range(0,len(a_list)):
4                if a_list[i]%2==0:
5                    s=s+a_list[i]
6        return s
```

再写一个文件导入上面的模块：

```
import evensum
a_list=[3,54,65,76,45,34,100,-2]
s=evensum.func_sum(a_list)
print("sum=",s)
```

程序运行结果：

```
sum= 262
```

2. 引入模块中的函数

引入模块中的函数一般形式为：

  from　模块名　import　函数名

这种方法函数名被直接导入到本地名字空间去了，所以它可以直接使用，而不需要加上模块名的限定表示。

【例 7.22】　中导入模块的文件可改写为：

```
from evensum import func_sum
a_list=[3,54,65,76,45,34,100,-2]
s=func_sum(a_list)
print("sum=",s)
```

3. 引入模块中的所有函数

引入模块中的所有函数一般形式为：

form　模块名　import *

同 2 中的导入方法，只是一次导入模块中的所有函数，不需要一一列举函数名。

7.7　函数应用举例

【例 7.23】　采取插入排序法将 10 个数据从小到大进行排序。

分析　插入排序的基本操作是每一步都将一个待排数据按其大小插入到已经排序的数据中的适当位置，直到全部插入完毕。插入算法把要排序的数组分成两部分：第一部分包含这个数列表的所有元素，但将最后一个元素除外；而第二部分就只包含这一个元素(即待插入元素)。在第一部分排序完成后，再将这个最后元素插入到已排好序的第一部分中。排序过程如下：

(1) 假设当前需要排序的元素(array[i])，跟已经排序好的最后一个元素比较(array[i−1])，如果满足条件继续执行后面的程序，否则循环到下一个要排序的元素。

(2) 缓存当前要排序的元素的值，以便找到正确的位置进行插入。

(3) 排序的元素跟已经排好序的元素比较，比它大的向后移动。

(4) 把要排序的元素，插入到正确的位置。

程序如下：

```
1   def insert_sort(array):
2       for i in range(1, len(array)):
3           if array[i - 1] > array[i]:
4               temp = array[i]           #当前需要排序的元素暂存到 temp 中
5               index = i                 #用来记录排序元素需要插入的位置
6               while index > 0 and array[index - 1] > temp:
7                   array[index] = array[index - 1]
8                                         #把已经排序好的元素后移一位，留下需要插入的位置
9                   index -= 1
10              array[index] = temp       #把需要排序的元素，插入到指定位置
11
12  b=input("请输入一组数据：")
13  array=[]
14  for i in b.split(','):
15      array.append(int(i))
16  print("排序前的数据：")
17  print(array)
18  insert_sort(array)                    #调用 insert_sort()函数
19  print("排序后的数据：")
20  print(array)
```

程序运行结果：

请输入一组数据：100,43,65,101,54,65,4,2017,123,55

排序前的数据：

[100, 43, 65, 101, 54, 65, 4, 2017, 123, 55]

排序后的数据：

[4, 43, 54, 55, 65, 65, 100, 101, 123, 2017]

【例 7.24】 用递归的方法求 x^n。

分析　求 x^n 可以使用下面的公式：

$$x^n = \begin{cases} 1 & \text{当 n=0 时} \\ n*x^{(n-1)} & \text{当 n>0 时} \end{cases}$$

递推归纳：$x^n \rightarrow x^{n-1} \rightarrow x^{n-2} \rightarrow \cdots \rightarrow x^2 \rightarrow x^1$

递归终止条件：当 n=0 时，$x^0=1$

程序如下：

```
1   def xn( x, n):
2        if   n==0:
3              f=1
4        else:
5              f=x*xn(x,n-1)
6        return f
7
8   x,n=eval(input("please input x and n"))
9   if n<0:
10       n=-n
11       y=xn(x,n)
12       y=1/y
13   else:
14       y=xn(x,n)
15   print(y)
```

程序运行结果：

please input x and n: 3,5

243

再次运行程序结果如下：

please input x and n: 3,-5

0.00411522633744856

【例 7.25】 计算从公元 1 年 1 月 1 日到 y 年 m 月 d 日的天数(含两端)。例如：从公元 1 年 1 月 1 日到 1 年 2 月 2 日的天数是 31+2=33 天。

分析　要计算从公元 1 年 1 月 1 日到 y 年 m 月 d 日的天数，可以分为三步完成：

(1) 计算从公元 1 年到 y−1 年这些整年的天数,每年是 365 天或 366 天(闰年是 366 天)；

(2) 对于第 y 年，当 m>1 时，先计算 1～m−1 月整月的天数；

(3) 最后加上零头(第 m 月的 d 天)即可。

程序如下：

```
1   #判断某年是否为闰年
2   def   leapYear( y ):
3       if y<1:
4           y=1
5       if ((y % 400)== 0 or   (y % 4)== 0 and (y % 100)!=0):
6           lp=1
7       else:
8           lp=0
9       return lp
10
11  #计算 y 年 m 月的天数
12  def   getLastDay( y,m):
13      if y<1:
14          y=1
15      if m<1:
16          m=1
17      if m>12:
18          m=12
19      # 每个月的正常天数
20      # 月份    1  2  3  4  5  6  7  8  9  10   11   12
21      monthDay=[31, 28, 31, 30, 31, 30, 31, 31, 30, 31,   30,   31]
22      r = monthDay[ m-1]
23      if m==2:
24          r = r + leapYear(y)     #处理闰年的 2 月天数
25      return r
26
27  #计算从公元 1 年 1 月 1 日到 y 年 m 月 d 日的天数(含两端的函数)
28  def calcDays( y,m,d ):
29      if y<1:
30          y=1
31      if m<1:
32          m=1
33      if m>12:
34          m=12
35      if d<1:
36          d=1
37      if d>getLastDay(y,m):
```

```
38                  d=getLastDay(y,m)
39          T = 0
40          for i in range(1,y):
41                  T = T + 365 + leapYear( i )
42          for i in range(1,m):
43                  T = T + getLastDay(y,i)
44          T = T + d
45          return T
46
47     y,m,d = eval(input("input year,month,day:"))
48     days = calcDays( y,m,d)
49     print( "从 1 年 1 月 1 日到",y,"年",m,"月",d,"日 共", days, "天")
```

程序运行结果：

input year,month,day:2017,1,1

从 1 年 1 月 1 日到 2017 年 1 月 1 日 共 736330 天

练 习 题

1. 编写一个程序，已知一个圆筒的半径、外径和高，计算该圆筒的体积。

2. 编写一个求水仙花数的函数，求 100～999 之间的水仙花数。

3. 编写一个函数，输出整数 m 的全部素数因子。例如，m=120，素数因子为 2，2，2，3，5。

4. 编写一个函数，求 10 000 以内所有的完数。所谓完数是指一个数正好是它的所有约数之和。例如 6 就是一个完数，因为 6 的因子有 1、2、3，并且 6＝1＋2＋3。

5. 如果有两个数，每一个数的所有约数(除它本身以外)的和正好等于对方，则称这两个数为互满数。求出 10 000 以内所有的互满数，并显示输出，并使用函数实现求一个数和它的所有约数(除它本身)的和。

6. 用递归函数求 $s=\sum\limits_{i=1}^{n}i$ 的值。

第8章 文 件

在前面的章节中我们使用的原始数据很多都是通过键盘输入的，并将输入的数据放入指定的变量中。若要处理(运算、修改、删除、排序等)这些数据，可以从指定的变量中取出并进行处理。但在数据量大、数据访问频繁以及数据处理结果需要反复查看或使用时，就有必要将程序的运行结果保存下来。为了解决以上问题，Python 中引入了文件，将这些待处理的数据存储在指定的文件中。当需要处理文件中的数据时，可以通过文件处理函数，取得文件内的数据并存放到指定的变量中进行处理，数据处理完毕后再将数据存回指定的文件中。有了对文件的处理，数据不但容易维护，而且同一份程序可处理数据格式相同但文件名不同的文件，增加了程序的使用弹性。

文件操作是一种基本的输入/输出方式，数据以文件的形式进行存储，操作系统以文件为单位对数据进行管理。本章主要介绍文件的基本概念、文件的操作方法及文件操作的应用。

8.1 文件的概述

8.1.1 文件

"文件"是指存放在外部存储介质(可以是磁盘、光盘、磁带等)上一组相关信息的集合。操作系统对外部介质上的数据是以文件形式进行管理的。当打开一个文件或者创建一个新文件时，一个数据流和一个外部文件(也可能是一个物理设备)相关联。为标识一个文件，每个文件都必须有一个文件名作为访问文件的标志，其一般结构为：

  主文件名.扩展名

通常情况下应该包括盘符名、路径、主文件名和文件扩展名 4 部分信息。实际上在前面的各章中已经多次使用了文件，例如源程序文件、库文件(头文件)等。程序在内存运行的过程中与外存(外部存储介质)交互主要通过以下两种方法：

(1) 以文件为单位将数据写到外存中。

(2) 从外存中根据文件名读取文件中的数据。

也就是说，要想读取外部存储介质中的数据，必须先按照文件名找到相应的文件，然后再从文件中读取数据；要想将数据存放到外部存储介质中，首先要在外部介质上建立一个文件，然后再向该文件中写入数据。

可以从不同的角度对文件进行分类，分别如下所述：

(1) 根据文件依附的介质，可分为普通文件和设备文件。

普通文件是指驻留在磁盘或其他外部介质上的一个有序数据集，可以是源文件、目标文件、可执行程序，也可以是一组待输入处理的原始数据，或者是一组输出的结果。源文件、目标文件、可执行程序可以称作程序文件，输入和输出数据则可称作数据文件。

设备文件是指与主机相连的各种外部设备，如显示器、打印机、键盘等。在操作系统中，把外部设备也看作是一个文件来进行管理，把它们的输入和输出等同于对磁盘文件的读和写。

(2) 根据文件的组织形式，可分为顺序读写文件和随机读写文件。

顺序读写文件顾名思义，是指按从头到尾的顺序读出或写入的文件。通常在重写整个文件操作时，使用顺序读写；而要更新文件中某个数据时，不使用顺序读写。此种文件每次读写的数据长度不等，较节省空间，但查询数据时都必须从第一个记录开始找，较费时间。

随机读写文件大都使用结构方式来存放数据，即每个记录的长度是相同的，因而通过计算便可直接访问文件中的特定记录，也可以在不破坏其他数据的情况下把数据插入到文件中，是一种跳跃式直接访问方式。

(3) 根据文件的存储形式，可分为文本文件和二进制文件。

文本文件也称为 ASCII 文件，这种文件在磁盘中存放时每个字符对应一个字节，用于存放对应的 ASCII 码。

例如，数 1124 的存储形式为：

ASCII 码：　　　00110001　　00110001　　00110010　　00110100

　　　　　　　　　↓　　　　　↓　　　　　↓　　　　　↓

十进制码：　　　　1　　　　　1　　　　　2　　　　　4

共占用 4 个字节。

ASCII 码文件可在屏幕上按字符显示。例如，源程序文件就是 ASCII 文件，用 DOS 命令中的 TYPE 可显示文件的内容。由于是按字符显示，因此能读懂文件内容。

二进制文件是按二进制的编码方式来存放文件的。例如，数 1124 的存储形式为：

　　　00000100　　01100100

只占两个字节。

二进制文件虽然也可在屏幕上显示，但其内容无法读懂。系统在处理这些文件时，并不区分类型，都看成是字符流，按字节进行处理。

ASCII 码文件和二进制文件的主要区别在于：

·　从存储形式上看，二进制文件是按该数据类型在内存中的存储形式存储的，而文本文件则是以将该数据类型转换为可在屏幕上显示的形式存储的。

·　从存储空间上看，ASCII 存储方式所占的空间比较多，而且所占的空间大小与数值大小有关。

·　从读写时间上看，由于 ASCII 码文件在外存上是以 ASCII 码存放，而在内存中的数据都是以二进制存放的，所以，在进行文件读写时要进行转换，存取速度较慢。对于二进制文件来说，数据就是按其在内存中的存储形式在外存上存放的，所以不需要进行这样的转换，存取速度较快。

·　从作用上看，由于 ASCII 文件可以通过编辑程序，如 edit、记事本等进行建立和修改,也可以通过 DOS 中的 TYPE 命令显示出来,因此 ASCII 码文件通常用于存放输入数据及程序的最终结果。而二进制文件则不能显示出来,所以用于暂存程序的中间结果,供另一段程序读取。

在 Python 语言中,标准输入设备(键盘)和标准输出设备(显示器)是作为 ASCII 码文件处理的,它们分别称为标准输入文件和标准输出文件。

8.1.2　文件的操作流程

文件的操作包括对文件本身的基本操作和对文件中信息的处理。首先,只有通过文件指针,才能调用相应的文件;然后才能对文件中的信息进行操作,进而达到从文件中读数据或向文件中写数据的目的。具体涉及的操作有:建立文件、打开文件、从文件中读数据或向文件中写数据、关闭文件等。一般的操作步骤为:

(1) 建立/打开文件。

(2) 从文件中读数据或者给文件中写数据。

(3) 关闭文件。

打开文件是进行文件的读或写操作之前的必要步骤。打开文件就是将指定文件与程序联系起来,为下面进行的文件读/写工作做好准备。如果不打开文件就无法读写文件中的数据。当为进行写操作而打开一个文件时,如果这个文件存在,则打开它;如果这个文件不存在,则系统会新建这个文件,并打开它。当为进行读操作而打开一个文件时,如果这个文件存在,则系统打开它;如果这个文件不存在,则出错。数据文件可以借助常用的文本编辑程序建立,就如同建立源程序文件一样。当然,也可以是其他程序写操作生成的文件。

从文件中读取数据,就是从指定文件中取出数据,存入程序在内存中的数据区,如变量或序列中。

向文件中写数据,就是将程序中的数据存储到指定的文件中,即文件名所指定的存储区中。

关闭文件就是取消程序与指定的数据文件之间的联系,表示文件操作的结束。

8.2　文件的打开与关闭

8.2.1　打开文件

在对文件进行读/写操作之前要先打开文件。所谓打开文件,实际上是建立文件的各种有关信息,并使文件指针指向该文件,以便进行其他操作。

1. open()函数

Python 中使用 open( )函数来打开文件并返回文件对象,其一般调用格式为:

　　　　文件对象=open(文件名[,打开方式][,缓冲区])

函数参数说明如下:

(1) open()函数的第一个参数是传入的文件名,可以包含盘符、路径和文件名。如果只有文件名,没有带路径的话,那么 Python 会在当前文件夹中去找到该文件并打开。

(2) 第二个参数"打开方式"是可选参数，表示打开文件后的操作方式。文件打开方式使用具有特定含义的符号表示，如表 8.1 所示。

表 8.1　文件的打开方式

文件使用方式	含　义
rt	只读打开一个文本文件，只允许读数据
wt	只写打开或建立一个文本文件，只允许写数据
at	追加打开一个文本文件，并在文件末尾写数据
rb	只读打开一个二进制文件，只允许读数据
wb	只写打开或建立一个二进制文件，只允许写数据
ab	追加打开一个二进制文件，并在文件末尾写数据
rt+	读/写打开一个文本文件，允许读和写
wt+	读/写打开或建立一个文本文件，允许读和写
at+	读/写打开一个文本文件，允许读，或在文件末尾追加数据
rb+	读/写打开一个二进制文件，允许读和写
wb+	读/写打开或建立一个二进制文件，允许读和写
ab+	读/写打开一个二进制文件，允许读，或在文件末尾追加数据

(3) 第三个参数"缓冲区"也是可选参数，表示文件操作是否使用缓冲存储方式，取值有 0、1、−1 和大于 1 四种。如果缓冲区参数被设置为 0，则表示缓冲区关闭(只适用于二进制模式)，不使用缓冲区；如果缓冲区参数被设置为 1，则表示使用缓冲存储(只适用于文本模式)；如果缓冲区参数被设置为−1，则表示使用缓冲存储，并且使用系统默认缓冲区的大小；如果缓冲区参数被设置为大于 1 的整数，则表示使用缓冲存储，并且该参数指定了缓冲区的大小。

假设有一个名为 somefile.txt 的文本文件，存放在 c:\text 下，那么可以这样打开文件：

```
>>>x = open( 'c:\\text\\somefile.txt','r',buffering=1024)
```

注意：文件打开成功，没有任何提示。

对于文件打开方式有以下几点说明：

(1) 文件打开方式由 r、w、a、t、b、+六个字符拼成，各字符的含义是：

r(read):　　　　读
w(write):　　　　写
a(append):　　　追加
t(text):　　　　文本文件，可省略不写
b(binary):　　　二进制文件
+:　　　　　　读和写

(2) 用"r"方式打开一个文件时，该文件必须已经存在，且只能从该文件读出。

(3) 用"w"方式打开的文件只能向该文件写入。若打开的文件不存在，则以指定的文件名建立该文件，若打开的文件已经存在，则将该文件删去，重建一个新文件。

(4) 若要向一个已存在的文件追加新的信息，只能用"a"方式打开文件。若此时该文件不存在，则会新建一个文件。

使用 open()函数成功打开一个文件之后，会返回一个文件对象，得到这个文件对象，

就可以读取或修改该文件了。

2. 文件对象属性

文件一旦被打开，就可以通过文件对象的属性得到该文件的有关信息，常用的文件对象属性如表 8.2 所示。

表 8.2　文件对象属性

文件对象属性	含　　义
name	返回文件的名称
mode	返回文件的打开方式
closed	如果文件被关闭返回 True，否则返回 False

文件属性的引用方法为：

　　文件对象名.属性名

例如：

　　>>> fp=open("e:\\qq.txt","r")

　　>>> fp.name

　　'e:\\qq.txt'

　　>>> fp.mode

　　'r'

　　>>> fp.closed

　　False

3. 文件对象方法

打开文件并取得文件对象之后，就可以利用文件对象方法对文件进行读取或修改等操作。表 8.3 列举了常用的一些文件对象方法。

表 8.3　文件对象方法

文件对象方法	含　　义
close()	关闭文件，并将属性 closed 设置为 True
read(count)	从文件对象中读取至多 count 个字节。如果没有指定 count，则读取从当前文件指针直至文件末尾
readline(count)	从文件中读取一行内容
readlines(sizehint)	读取文件的所有行(直到结束符 EOF)，也就是整个文件的内容，把文件每一行作为列表的成员，并返回这个列表
write(string)	将字符串 string 写入到文件
writelines(seq)	将字符串序列 seq 写入到文件，seq 是一个返回字符串的可迭代对象
seek(offset,whence)	把文件指针移动到相对于 whence 的 offset 位置，whence 为 0 表示文件开始处，为 1 表示当前位置，为 2 表示文件末尾
next()	返回文件的下一行，并将文件操作标记移到下一行
tell()	返回当前文件指针位置(相对文件起始处)
flush()	清空文件对象，并将缓存中的内容写入磁盘(如果有)

8.2.2　关闭文件

当一个文件使用结束时，就应该关闭它，以防止其被误操作而造成文件信息的破坏和文件信息的丢失。关闭文件是断开文件对象与文件之间的关联，此后不能再继续通过该文件对象对该文件进行读/写操作。Python 使用 close()函数关闭文件。close()函数的一般形式为：

> 文件对象名.close()

8.3　文件的读/写

8.3.1　文本文件的读/写

1. 文本文件的读取

Python 对文件的读取是通过调用文件对象方法来实现的，文件对象提供了 read()、readline()和 readlines()三种读取方法。

1) read()方法

read()方法的一般形式为：

> 文件对象.read()

其功能是读取从当前位置直到文件末尾的内容，该方法通常将读取的文件内容存放到一个字符串变量中。

假如有一个文本文件 file1.txt，其内容如下：

> There were bears everywhere.
>
> They were going to Switzerland.

采用 read()方法读该文件内容，结果如下：

> \>>> fp = open("e:\\file1.txt", "r")　　　　#以只读的方式打开 file1.txt 文件
>
> \>>> string1= fp.read()
>
> \>>> print("Read Line: %s" % (string1))
>
> Read Line: There were bears everywhere.
>
> They were going to Switzerland.

read()方法也可以带有参数，一般形式为：

> 文件对象.read([size])

其功能是从文件当前位置起读取 size 个字节，返回结果是一个字符串。如果 size 大于文件从当前位置开始到末尾的字节数，则读取到文件结束为止。例如：

> \>>> fp = open("e:\\file1.txt", "r")　　　　#以只读的方式打开 file1.txt 文件
>
> \>>> string2= fp.read(10)　　　　　　　#读取 10 个字节
>
> \>>> print("Read Line: %s" % (string2))
>
> Read Line: There were

2) readline()方法

readline()方法的一般形式为：

文件对象.readline()

  其功能是读取从当前位置到行末的所有字符，包括行结束符，即每次读取一行，当前位置移到下一行。如果当前处于文件末尾，则返回空串。例如：

    >>> fp = open("e:\\file1.txt", "r")

    >>> string3=fp.readline()

    >>> print("Read Line: %s" % (string3))

    Read Line: There were bears everywhere.

3) readlines()方法

readlines()方法的一般形式为：

    文件对象.readlines()

  其功能是读取从当前位置到文件末尾的所有行，并将这些行保存在一个列表(list)变量中，每行作为一个元素。如果当前文件处于文件末尾，则返回空列表。例如：

    >>> fp = open("e:\\file1.txt", "r")

    >>> string4=fp.readlines()

    >>> print("Read Line: %s" % (string4))

    Read Line: ['There were bears everywhere.\n', 'They were going to Switzerland.']

    >>> string5=fp.readlines()   #再次读取文件，返回空列表

    >>> print("Read Line: %s" % (string5))

    Read Line: []

2. 文本文件的写入

文本文件的写入通常使用 write()方法，有时有使用 writelines()方法。

1) write()方法

write ()方法的一般形式为：

    文件对象. write (字符串)

  其功能是在文件当前位置写入字符串，并返回写入的字符个数。例如：

    >>>fp=open("e:\\file1.txt", "w")   #以写方式打开 file1.txt 文件

    >>>fp.write("Python")   #将字符串"Python"写入文件 file1.txt 文件

    6

    >>> fp.write("Python programming")

    18

    >>> fp.close()

2) writelines()方法

writelines ()方法的一般形式为：

    文件对象. writelines (字符串元素的列表)

  其功能是在文件的当前位置处依次写入列表中的所有元素。例如：

    >>>fp=open("e:\\file1.txt", "w")

    >>>fp.writelines(["Python","Python programming"])

    >>>fp.close( )

【例 8.1】 把一个包含两列内容的文件 input.txt，分割成 col1.txt 和 col2.txt 两个文件，每个文件一列内容。input.txt 文件内容如图 8.1 所示。

图 8.1　input.txt 文件

程序如下：

```
1    def split_file(filename):          # 把文件分成两列
2        col1 = []
3        col2 = []
4        fd = open(filename, 'r')        #打开文件
5        text = fd.read()                # 读入文件的内容
6        lines = text.splitlines()       # 把读入的内容分行
7        for line in lines:
8            part = line.split(None, 1)
9            col1.append(part[0])
10           col2.append(part[1])
11
12       return col1, col2
13
14   def write_list(filename, alist):    # 把文字列表内容写入文件
15       fd = open(filename, 'w')
16       for line in alist:
17           fd.write(line + '\n')
18
19   filename = 'input.txt'
20   col1, col2 = split_file(filename)
21   write_list('col1.txt', col1)
22   write_list('col2.txt', col2)
```

程序运行结果如图 8.2 所示。

(a) col.txt 文件内容

(b) col2.txt 文件内容

图 8.2　例 8.1 运行结果

8.3.2　二进制文件的读/写

前面介绍的 read 和 write 方法，读/写的都是字符串，对于其他类型数据则需要转换。Python 中 struct 模块中的 pack()和 unpack()方法可以进行转换。

1. 二进制文件写入

Python 中二进制文件的写入有两种方法：一种是通过 struct 模块的 pack()方法把数字和 bool 值转换成字符串，然后用 write()方法写入二进制文件中；另一种是用 pickle 模块的 dump()方法直接把对象转换为字符串并存入文件中。

1）pack()方法

pack()方法的一般形式为：

　　　pack(格式串，数据对象表)

其功能是将数字转换为二进制的字符串。格式串中的格式字符见表 8.4 所示。

表 8.4　格 式 字 符

格式字符	C 语言类型	Python 类型	字节数
c	char	string of length 1	1
b	signed char	integer	1
B	unsigned char	integer	1
?	_Bool	bool	1
h	short	integer	2
H	unsigned short	integer	2
i	Int	integer	4
I	unsigned int	integer or long	4
l	long	integer	4
L	unsigned long	long	4
q	long long	long	8
Q	unsigned long long	long	8
f	float	float	4
d	double	float	8
s	char[]	string	1
p	char[]	string	1
P	void *	long	与操作系统的位数有关

pack()方法使用如下：

```
>>> import struct
>>> x=100
>>> y=struct.pack('i',x)          #将 x 转换成二进制字符串
>>> y                             #输出转换后的字符串 y
b'd\x00\x00\x00'
>>> len(y)                        #计算 y 的长度
```

```
4
```

此时，y 是一个 4 字节的字符串。如果要将 y 写入文件，可以这样实现：

```
>>> fp=open("e:\\file2.txt","wb")
>>> fp.write(y)
4
>>> fp.close()
```

【例 8.2】 将一个整数、一个浮点数和一个布尔型对象存入一个二进制文件中。

分析　整数、浮点数和布尔型对象都不能直接写入二进制文件，需要使用 pack()方法将它们转换成字符串再写入二进制文件中。

程序如下：

```
1   import struct
2   i=12345
3   f=2017.2017
4   b=False
5   string=struct.pack('if?',i,f,b)
6                                   #将整数 i、浮点数 f 和布尔对象 b 依次转换为字符串
7   fp=open("e:\\string1.txt","wb")  #打开文件
8   fp.write(string)                 #将字符串 string 写入文件
9   fp.close()                       #关闭文件
```

运行时在 e 盘下创建"string1.txt"文件。运行结束后，打开"string.txt"文件，其内容如图 8.3 所示。

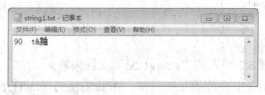

图 8.3　"string1.txt"文件内容显示

2）dump()方法

dump ()方法的一般形式为：

dump(数据，文件对象)

其功能是将数据对象转换成字符串，然后再保存到文件中。其用法如下：

```
>>> import pickle
>>> x=100
>>> fp=open("e:\\file3.txt","wb")
>>> pickle.dump(x,fp)            #把整数 x 转换成字符串并写入文件中
>>> fp.close()
```

【例 8.3】 用 dump 方法实现例 8.2。

程序如下：

```
1    import pickle
```

```
2    i=12345
3    f=2017.2017
4    b=False
5    fp=open("e:\\string2.txt","wb")
6    pickle.dump(i,fp)
7    pickle.dump(f,fp)
8    pickle.dump(b,fp)
9    fp.close()
```

2. 二进制文件读取

读取二进制文件的内容应根据写入时的方法而采取相应的方法进行。使用 pack()方法写入文件的内容应该使用 read()方法读出相应的字符串，然后通过 unpack()方法还原数据；使用 dump()方法写入文件的内容应使用 pickle 模块的 load()方法还原数据。

1) unpack()方法

unpack()方法的一般形式是：

unpack(格式串，字符串表)

其功能与 pack()正好相反，将"字符串表"转换成"格式串"(如表 8.1 所示)指定的数据类型，该方法返回一个元组。例如：

```
>>> import struct
>>> fp=open("e:\\file2.txt","rb")        #以只读方式打开 file.txt 文件
>>> y=fp.read()
>>> x=struct.unpack('i',y)
>>> x
(100,)
```

【例 8.4】 读取例 8.2 写入的"string1.txt"文件内容。

分析 "string1.txt"中存放的是字符串，需要先使用 read()方法读取每个数据的字符串形式，然后进行还原。

程序如下：

```
1    import struct
2    fp=open("e:\\string1.txt","rb")
3    string=fp.read()
4    a_tuple=struct.unpack('if?',string)
5    print("a_tuple=",a_tuple)
6    i=a_tuple[0]
7    f=a_tuple[1]
8    b=a_tuple[2]
9    print("i=%d,f=%f"%(i,f))
10   print("b=",b)
11   fp.close()
```

程序运行结果:

a_tuple= (12345, 2017.20166015625, False)

i=12345,f=2017.201660

b= False

2) load()方法

load()方法的一般形式为:

load(文件对象)

其功能是从二进制文件中读取字符串,并将字符串转换为 Python 的数据对象,该方法返回还原后的字符串。例如:

```
>>> import pickle
>>> fp=open("e:\\file3.txt","rb")
>>> x=pickle.load(fp)
>>> fp.close()
>>> x                  #输出读出的数据
100
```

【例 8.5】 读取例 8.3 写入的"string2.txt"文件内容。

分析 在例 8.3 中,向"string2.txt"文件中写入了一个整型、一个浮点型、一个布尔型数据,每次读取之后需要判断读到文件末尾。

程序如下:

```
1   import pickle
2   fp=open("e:\\string2.txt","rb")
3   while True:
4     n=pickle.load(fp)
5     if(fp):
6         print(n)
7     else:
8         break
9   fp.close()
```

程序运行结果:

12345

2017.2017

True

8.4 文件的定位

在实际问题中常要求只读/写文件中某一段指定的内容。为了解决这个问题,可以移动文件内部的位置指针到需要读/写的位置,再进行读/写,这种读/写称为随机读/写。

实现文件的随机读/写关键是要按要求移动位置指针,这个过程称为文件的定位。Python

中文件的定位提供了以下几种方法。

1. tell()方法

tell()方法的一般形式为：

```
文件对象. tell()
```

其功能是获取文件的当前指针位置，即相对于文件开始位置的字节数。例如：

```
>>> fp=open("e:\\file1.txt","r")
>>> fp.tell()                #文件打开之后指针位于文件的开始处，即位于第一个字符
0
>>> fp.read(10)              #从当前位置起读取 10 个字节内容
>>> fp.tell()               #返回读取 10 个字节内容之后的文件位置
10
```

2. seek()方法

seek()方法的一般形式为：

```
文件对象. seek(offset,whence)
```

其功能把文件指针移动到相对于 whence 的 offset 位置。其中 offset 表示要移动的字节数，移动时以 offset 为基准，offset 为正数表示向文件末尾方向移动，为负数表示向文件开头方向移动；whence 指定移动的基准位置，如果设置为 0 表示以文件开始处作为基准点，设置为 1 表示以当前位置为基准点，设置为 2 表示以文件末尾作为基准点。例如：

```
>>> fp=open("e:\\file1.txt","rb")      #以二进制方式打开文件
>>> fp.read()                          #读取整个文件内容，文件指针移动到文件末尾
b'PythonPython programming'
>>> fp.read()                          #再次读取文件内容，返回空串
b''
>>> fp.seek(0, 0)                      #以文件开始作为基准点，向文件末尾方向移动 0 个字节
0
>>> fp.read()                          #文件指针移动之后再次读取
b'PythonPython programming'
>>> fp.seek(6,0)                       #以文件开始作为基准点，向文件末尾方向移动 6 个字节
6
>>> fp.read()                          #文件指针移动之后再次读取
b'Python programming'
>>> fp.seek(-11,2)                     #以文件末尾作为基准点，向文件头方向移动 11 个字节
13
>>> fp.read()                          #文件指针移动之后再次读取
b'programming'
```

【例 8.6】 编写程序，求取文件指针位置及文件长度。

程序如下：

```
1   filename=input("请输入文件名:")
```

```
2    fp=open(filename,"r")              #以只读方式打开文件
3    curpos=fp.tell()                   #获取文件当前指针位置
4    print("the begin of %s is %d"%(filename,curpos))
5    #以文件末尾作为基准点，向文件头方向移动 0 个字节，即文件指针移动到文件尾部
fp.seek(0,2)
6    length=fp.tell()
7    print("the end begin of %s is %d"%(filename,length))
```

8.5 与文件相关的模块

Python 模块(Module)是一个 Python 文件，以 .py 结尾，包含 Python 对象定义和
Python 语句模块可以定义的函数、类和变量，模块里也可以包含可执行的代码。python 中
对文件、目录的操作需要用到 os 模块和 os.path 模块。

8.5.1 os 模块

Python 内置的 os 模块提供了访问操作系统服务功能，例如文件重命名、文件删除、目
录创建、目录删除等。要使用 os 模块，需要先导入该模块，然后调用相关的方法。

表 8.5 列举了 os 模块中关于目录/文件操作的常用函数及其功能。

表 8.5 os 模块关于目录/文件操作的常用函数

函数名	函 数 功 能
getcwd()	显示当前的工作目录
chdir(newdir)	改变当前工作目录
listdir(path)	列出指定目录下所有的文件和目录
mkdir(path)	创建单级目录
makedirs(path)	递归地创建多级目录
rmdir(path)	删除单级目录
removedirs(path)	递归地删除多级空目录，从子目录到父目录逐层删除，遇到目录非空则抛出异常
rename(old,new)	将文件或目录 old 重命名为 new
remove(path)	删除文件
stat(file)	获取文件 file 的所有属性
chmod(file)	修改文件权限
system(command)	执行操作系统命令
exec()或 execvp()	启动新进程
osspawnv()	在后台执行程序
exit()	终止当前进程

下面介绍 os 模块中主要函数的使用方法。

1) getcwd()

功能：显示当前的工作目录。例如：

>>> os.getcwd()

'C:\\Users\\User\\AppData\\Local\\Programs\\Python\\Python35-32'

2) chdir(newdir)

功能：改变当前的工作目录。例如：

>>> os.chdir("e:\\")

>>> os.getcwd()

'e:\\'

3) listdir(path)

功能：列出指定目录下所有的文件和目录，参数 path 用于指定列举的目录。例如：

>>> os.listdir("c:\\")

['$360Section', '$Recycle.Bin', '1.dat', '360SANDBOX', 'Documents and Settings', 'hiberfil.sys', 'Intel', 'kjcg8', 'LibAntiPrtSc_ERROR.log', 'LibAntiPrtSc_INFORMATION.log', 'MSOCache', 'pagefile.sys', 'PerfLogs', 'Program Files', 'Program Files (x86)', 'ProgramData', 'Python27', 'Recovery', 'System Volume Information', 'Users', 'Windows']

4) mkdir(path)

功能：创建单级目录。如果要创建的目录已存在，则抛出 FileExistsError 异常(有关异常处理将在第 9 章介绍)。例如：

>>> os.mkdir("Python")

>>> os.mkdir("Python")

Traceback (most recent call last):

  File "<pyshell#7>", line 1, in <module>

    os.mkdir("Python")

FileExistsError: [WinError 183] 当文件已存在时，无法创建该文件。: 'Python'

makedirs(path)

5) makedirs()

功能：递归地创建多级目录，如果目录存在则抛出异常。例如：

>>> os.makedirs(r"e:\\aa\\bb\\cc")

创建目录结果如图 8.4 所示。

图 8.4　makedirs()函数结果

6) rmdir(path)

功能：删除单级目录。如果指定目录已非空，则抛出 PermissionError 异常。例如：

```
>>> os.rmdir("e:\\Python")
>>> os.rmdir("e:\\Python")
Traceback (most recent call last):
    File "<pyshell#10>", line 1, in <module>
        os.rmdir("e:\\Python")
FileNotFoundError: [WinError 2] 系统找不到指定的文件。: 'e:\\Python'
>>> os.rmdir("e:\\")
Traceback (most recent call last):
    File "<pyshell#11>", line 1, in <module>
        os.rmdir("e:\\")
PermissionError: [WinError 32] 另一个程序正在使用此文件，进程无法访问。: 'e:\\'
```

7) removedirs(path)

功能：递归地删除多级空目录，从子目录到父目录逐层删除，遇到目录非空则抛出异常。例如：

```
>>> os.chdir("e:\\")
>>> os.getcwd()
'e:\\'
>>> os.removedirs(r"aa\bb\cc")
```

8) rename(old,new)

功能：将文件或目录 old 重命名为 new。例如：

```
>>>os.rename("a.txt","b,txt")    #将文件 a.txt 重命名为 b.txt
```

9) remove(path)

功能：删除文件。如果文件不存在，抛出异常。例如：

```
>>> os.remove("b.txt")        #删除 b.txt 文件
>>> os.remove("b.txt")
Traceback (most recent call last):
    File "<pyshell#13>", line 1, in <module>
        os.remove("b.txt")
FileNotFoundError: [WinError 2] 系统找不到指定的文件。: 'b.txt'
```

10) stat(file)

功能：获取文件 file 的所有属性。例如：

```
>>> os.stat("string1.txt")
os.stat_result(st_mode=33206, st_ino=281474976749938, st_dev=2391163256, st_nlink=1, st_uid=0,
st_gid=0, st_size=9, st_atime=1491662692, st_mtime=1491662692, st_ctime=1491662692)
```

8.5.2 os.path 模块

Python 中的 os.path 模块主要用于针对路径的操作。

表 8.6 列举了 os.path 模块中常用的函数及其功能。

表 8.6　　os.path 模块中常用的函数及其功能

函数名	函 数 功 能
split(path)	分离文件名与路径
splitext(path)	分离文件名与扩展名，返回(f_path,f_name)元组
abspath(path)	获得文件的绝对路径
dirname(path)	去掉文件名，只返回目录路径
getsize(file)	获得指定文件的大小，返回值以字节为单位
getatime(file)	返回指定文件最近的访问时间
getctime(file)	返回指定文件的创建时间
getmtime(file)	返回指定文件最新的修改时间
basename(path)	去掉目录路径，只返回路径中的文件名
exists(path)	判断文件或者目录是否存在
islink(path)	判断指定路径是否绝对路径
isfile(path)	判断指定路径是否存在且是一个文件
isdir(path)	判断指定路径是否存在且是一个目录
isabs(path)	判断指定路径是否存在且是一个绝对路径
walk(path)	搜索目录下的所有文件

下面介绍 os.path 模块中主要函数的使用方法。

1) split(path)

功能：分离文件名与路径，返回(f_path,f_name)元组。如果 path 中是一个目录和文件名，则输出路径和文件名全部是路径；如果 path 中是一个目录名，则输出路径和空文件名。例如：

```
>>> os.path.split('e:\\program\\soft\\python\\')          #path 是目录
('e:\\program\\soft\\python', '')
>>> os.path.split('e:\\program\\soft\\python')            #path 是文件名
('e:\\program\\soft', 'python')
```

2) splitext(path)

功能：分离文件名与扩展名。例如：

```
>>> os.path.splitext('e:\\program\\soft\\python\\prime.py')
('e:\\program\\soft\\python\\prime', '.py')
```

3) abspath(path)

功能：获得文件的绝对路径。例如：

```
>>> os.path.abspath('prime.py')
'C:\\Users\\User\\AppData\\Local\\Programs\\Python\\Python35-32\\prime.py'
```

4) getsize(file)

功能：获得指定文件的大小，返回值以字节为单位。例如：

```
>>> os.chdir(r"e:\\")
```

```
>>> os.path.getsize('e:\\string1.txt')
9
```

5) getatime(file)

功能：返回指定文件最近的访问时间，返回值是浮点型秒数，可以使用 time 模块的 gmtime()或 localtime()函数换算。例如：

```
>>> os.path.getatime('e:\\string1.txt')
1491662692.6680775
>>> import time
>>> time.localtime(os.path.getatime('e:\\string1.txt'))
time.struct_time(tm_year=2017, tm_mon=4, tm_mday=8, tm_hour=22, tm_min=44, tm_sec=52,
tm_wday=5, tm_yday=98, tm_isdst=0)
```

6) exists(path)

功能：判断文件或者目录是否存在，返回值为 True 或 False。例如：

```
>>> os.path.exists("prime.py")
True
```

8.6　文件应用举例

【例 8.7】 有 string1.txt 和 string2.txt 两个磁盘文件各存放一行字母，读取这两个文件中的信息并合并，然后再写到一个新的磁盘文件 string.txt 中。

程序如下：

```
1   fp=open("e:\\string1.txt","rt")
2   print("读取到文件 string1 的内容为:")
3   string1=fp.read()
4   print(string1)
5   fp.close()
6   fp=open("e:\\string2.txt","rt");
7   print("读取到文件 string1 的内容为:")
8   string2=fp.read()
9   print(string2)
10  fp.close()
11
12  string=string1+string2
13  print("合并后字符串内容为:\n",string)
14
15  fp=open("e:\\string.txt","wt");
16  fp.write(string)        #将字符串 string 的内容写到 fp 所指的文件中
17  print("已将该内容写入文件 string.txt 中！");
```

```
18  fp.close()
```

【例 8.8】 输入文件名，生成文件，生成随机数写入该文件，再读取文件内容。

程序如下：

```
1   import random
2   filename=input("请输入文件名:")
3   line=""
4   fp=open(filename,"w")        #以写方式打开文件
5   for i in range(100):
6       line+='编号:'+str(random.random())+'\n'
7       fp.write(line)                   #将字符串 line 写入文件
8   fp.close()
9   fp=open(filename,"r")        #再次以读方式打开文件
10  lines=fp.read()
11  for s in lines.split('\n'):          #读取文件并按行输出
12      print(s)
13  fp.close()
```

【例 8.9】 将文件夹下所有图片名称加上'_Python'。

程序如下：

```
1   import re
2   import os
3   import time
4
5   def change_name(path):
6       global i
7       if not os.path.isdir(path) and not os.path.isfile(path):
8           return False
9       if os.path.isfile(path):
10          file_path = os.path.split(path)          #分割出目录与文件
11          lists = file_path[1].split('.')          #分割出文件与文件扩展名
12          file_ext = lists[-1]
13          img_ext = ['bmp','jpeg','gif','psd','png','jpg']
14          if file_ext in img_ext:
15              os.rename(path,file_path[0]+'/'+lists[0]+'_ Python.'+file_ext)
16              i+=1
17      elif os.path.isdir(path):
18          for x in os.listdir(path):
19              change_name(os.path.join(path,x))
20
21  #测试代码
```

```
22    img_dir = "f:\\qwer"
23    img_dir = img_dir.replace('\\','/')
24    start = time.time()
25    i = 0
26    change_name(img_dir)
27    c = time.time() - start
28    print('程序运行耗时:%0.2f'%(c))
29    print('总共处理了 %s 张图片'%(i))
```

练 习 题

1. 编写一个比较两个文件内容是否相同的程序，若相同，显示"compare ok"，否则显示"not equal"。

2. 从键盘上输入一行字符，将其中的大写字母全部转换为小写字母，然后输出到一个磁盘文件中保存。

3. 先建立一个文本文件，然后将文件中的内容读出，并将大写字母转换为小写字母，并重新写回文件。

4. 将字符串"Python Program"写入文件，查看文件的字节数。

5. 递归地显示当前目录下所有的目录及文件。

第9章 异常处理

异常(exception)是程序运行过程中发生的事件,该事件可以中断程序指令的正常执行流程,是一种常见的运行错误。例如:除法运算时除数为 0,访问序列时下标越界,要打开的文件不存在,网络异常等。如果这些事件得不到正确的处理,将会导致程序终止运行。而合理地使用异常处理结果可以使得程序更加健壮,具有更强的容错性,不会因为用户不小心的错误输入或其他运行时原因而造成程序终止,还可以使用异常处理结构为用户提供更加友好的提示。

本章主要介绍 Python 中异常处理结构及断言。

9.1 异　　常

异常代表应用程序的某种反常状态,通常这种应用程序中出现的异常会产生某些类型的错误。程序中的错误通常分为三种:

(1) 语法错误:指程序中含有不符合语法规定的语句,例如关键字或符号书写错误(将数组元素引用写成 a(2)等)、使用了未定义的变量、括号不配对等。含有语法错误的程序是不能通过编译的,因此程序将不能运行。

(2) 逻辑错误:指程序中没有语法错误,可以通过编译、连接生成可执行程序,但程序运行的结果与预期不相符的错误。例如整型变量的取值超出了有效的取值范围、在 scanf 函数遗漏了取地址运算符&、数组元素引用中下标越界、在应当使用复合语句时没有使用复合语句等。由于含有逻辑错误的程序仍然可以运行,因此这是一种较难发现、较难调试的程序错误,在程序设计、调试中应予特别注意。

(3) 系统错误:指程序没有语法错误和逻辑错误,但程序的正常运行依赖于某些外部条件的存在。如果这些外部条件缺失,程序将不能运行。例如折半查找法是在已经排序的数组上进行的,但实际的数据并没有进行排序,或程序中需要打开一个已经存在的文件,但这个文件由于其他原因丢失等。

即使语句没有语法错误,在运行程序时也可能发生错误。运行时检测到的错误称为例外,这种错误不一定是致命的。多数例外不能被程序处理,而只是会产生错误信息。例如:

```
>>> 10*(3/0)
Traceback (most recent call last).
    File "<pyshell#0>", line 1, in <module>
    10*(3/0)
```

ZeroDivisionError: division by zero

\>>> 5+'5'

Traceback (most recent call last):

  File "\<pyshell#3\>", line 1, in \<module\>

    5+'5'

TypeError: unsupported operand type(s) for +: 'int' and 'str'

\>>> a=add(b)

Traceback (most recent call last):

  File "\<pyshell#4\>", line 1, in \<module\>

    a=add(b)

NameError: name 'add' is not defined

    错误信息的最后一行显示错误的类型,其余部分是错误的细节,其解释依赖于例外类型。例外有不同的类型,作为错误信息的一部分显示。上例中错误的类型有 ZeroDivisionError、TypeError 和 NameError。Python 标准异常如表 9.1 所示。

表 9.1 Python 标准异常

异常名称	描 述
BaseException	所有异常的基类
SystemExit	解释器请求退出
GeneratorExit	生成器(Generator)发生异常而通知退出
KeyboardInterrupt	用户中断执行(通常是输入 Ctrl+C)
Exception	常规错误的基类
StopIteration	迭代器没有更多的值
StandardError	所有的内建标准异常的基类
ArithmeticError	所有数值计算错误的基类
FloatingPointError	浮点计算错误
OverflowError	数值运算超出最大限制
ZeroDivisionError	除(或取模)零(所有数据类型)
AssertionError	断言语句失败
AttributeError	对象没有这个属性
EnvironmentError	操作系统错误的基类
IOError	输入/输出操作失败
OSError	操作系统错误
WindowsError	系统调用失败
VMSError	发生 VMS 特定错误时引发
EOFError	没有内建输入,到达 EOF 标记
ImportError	导入模块/对象失败
LookupError	无效数据查询的基类
IndexError	序列中没有此索引(index)

续表

异常名称	描　　述
KeyError	映射中没有这个键
MemoryError	内存溢出错误
BufferError	无法执行缓冲区相关操作时的错误
NameError	未声明/初始化对象(没有属性)
UnboundLocalError	访问未初始化的本地变量
ReferenceError	弱引用(Weak Reference)试图访问已经垃圾回收了的对象
RuntimeError	一般的运行时错误
NotImplementedError	尚未实现的方法
SyntaxError	Python 语法错误
IndentationError	缩进错误
TabError	Tab 和空格混用
SystemError	一般的解释器系统错误
TypeError	对类型无效的操作
ValueError	传入无效的参数
UnicodeError	Unicode 相关错误
UnicodeDecodeError	Unicode 解码时错误
UnicodeEncodeError	Unicode 编码时错误
UnicodeTranslateError	Unicode 转换时错误
Warning	警告的基类
DeprecationWarning	关于被弃用的特征的警告
OverflowWarning	旧的关于自动提升为长整型(long)的警告
PendingDeprecationWarning	关于特性将会被废弃的警告
RuntimeWarning	可疑的运行时行为(runtime behavior)的警告
SyntaxWarning	可疑的语法的警告
UserWarning	用户代码生成的警告
FutureWarning	关于构造将来语义会有改变的警告
ImportWarning	导入模块时出现问题的警告
UnicodeWarning	Unicode 文本中问题的警告
BytesWarning	可疑字节的警告

在 Python 中，各种异常错误都是类，所有的错误类型都继承于 BaseException。常见异常类型的继承关系如图 9.1 所示。

```
BaseException
  +-- SystemExit
  +-- KeyboardInterrupt
  +-- GeneratorExit
  +-- Exception
       +-- StopIteration
```

```
+-- StandardError
|      +-- BufferError
|      +-- ArithmeticError
|      |      +-- FloatingPointError
|      |      +-- OverflowError
|      |      +-- ZeroDivisionError
|      +-- AssertionError
|      +-- AttributeError
|      +-- EnvironmentError
|      |      +-- IOError
|      |      +-- OSError
|      |            +-- WindowsError (Windows)
|      |            +-- VMSError (VMS)
|      +-- EOFError
|      +-- ImportError
|      +-- LookupError
|      |      +-- IndexError
|      |      +-- KeyError
|      +-- MemoryError
|      +-- NameError
|      |      +-- UnboundLocalError
|      +-- ReferenceError
|      +-- RuntimeError
|      |      +-- NotImplementedError
|      +-- SyntaxError
|      |      +-- IndentationError
|      |            +-- TabError
|      +-- SystemError
|      +-- TypeError
|      +-- ValueError
|            +-- UnicodeError
|                  +-- UnicodeDecodeError
|                  +-- UnicodeEncodeError
|                  +-- UnicodeTranslateError
+-- Warning
       +-- DeprecationWarning
       +-- PendingDeprecationWarning
       +-- RuntimeWarning
       +-- SyntaxWarning
       +-- UserWarning
       +-- FutureWarning
     +-- ImportWarning
     +-- UnicodeWarning
     +-- BytesWarning
```

图 9.1　常见异常类型的继承关系

9.2　Python 中的异常处理结构

Python 中捕捉异常可以使用 try…except 语句。try…except 语句用来检测 try 语句块中的错误，从而让 except 语句捕获异常信息并处理。

9.2.1　简单形式的 try…except 语句

简单形式的 try…except 语句一般形式如下：

```
try:
    语句块
except:
    异常处理语句块
```

其处理过程是：执行 try 中的语句块，如果执行正常，在语句块执行结束后转向 try…except 语句之后的下一条语句；如果引发异常，则转向异常处理语句块，执行结束后转向 try…except 语句之后的下一条语句。

【例 9.1】 猜数字游戏。随机产生一个整数，从键盘输入整数，输入的数字如果大于随机产生的整数，则输出"guess bigger"，继续输入；输入的数字如果小于随机产生的整数，则输出"guess smaller"，继续输入；输入的数字如果等于随机产生的整数，则输出"You guess correct.Game over!"，程序运行结束。在输入的过程中，如果输入的不是整数，则引发异常，并处理异常。

程序如下：

```
1    import random
2    num=random.randint(1,10)
3    while True:
4        try:
5            guess=int(input("Enter 1~10:"))
6        except:
7            print("Input error,Please Enter number 1~10:")
8            continue
9        if guess>num:
10            print("guess bigger")
11        elif guess<num:
12            print("guess smaller")
13        else:
14            print("You guess correct,Game over!")
15            break
```

程序运行结果：

    Enter 1~10:5

    guess bigger

    Enter 1~10:2

    guess bigger

    Enter 1~10:1

    You guess correct.Game over!

以上的运行中，输入的都是整数，因此没有引发异常。如果输入其他类型的输入，则会引发异常。异常发生的程序运行结果如下：

    Enter 1~10:1

    guess smaller

    Enter 1~10:'a'

    Input error,Please Enter number 1~10:

    Enter 1~10:2.0

    Input error,Please Enter number 1~10:

    Enter 1~10:5

    guess bigger

    Enter 1~10:4

    You guess correct.Game over!

在以上 try...except 语句的一般形式中，except 之后也可以用于处理指定特定错误类型的异常。

【例 9.2】 除数为 0 的异常处理。

程序如下：

```
1    numbers=[0.33,2.5,0,100]
2    for x in numbers:
3        print(x)
4        try:
5            print(1.0/x)
6        except ZeroDivisionError:
7            print("除数不能为零")
```

程序运行结果：

0.33

3.0303030303030303

2.5

0.4

0

除数不能为零

100

0.01

在该例中，try 语句执行过程如下：

(1) 执行 try 子句(在 try 和 except 之间的语句)，该例中 try 子句是"print(1.0/x)"；

(2) 如果没有发生例外，跳过 except 子句，try 语句运行完毕；

(3) 如果在 try 子句中发生了例外错误，同时例外错误匹配 except 后指定的例外名，则跳过 try 子句剩下的部分，执行 except 子句，然后继续执行 try 语句后面的程序；

(4) 如果在 try 子句中发生了例外错误但是例外错误和 except 后指定的例外名不匹配，则此例外被传给外层的 try 语句。如果没有找到匹配的处理程序，则此例外被称作是未处理例外，程序停止执行，显示错误信息。

9.2.2 带有多个 except 的 try 语句

在实际开发过程中，同一段代码可能会抛出多个异常，需要针对不同的异常类型进行相应的处理。为了支持多个异常和处理，Python 提供了带有多个 except 的异常处理结构，类似于多路分支选择结构，其一般形式如下：

```
try:
    语句块
except 异常类型 1:
    异常处理语句块 1
except 异常类型 2:
    异常处理语句块 2
    …
except 异常类型 n:
    异常处理语句块 n
except:
    异常处理语句块
else:
    语句块
```

其处理过程是：执行 try 中的语句块，如果执行正常，在语句块执行结束后转向 try...except 语句之后的下一条语句。如果引发异常，则系统依次检查各个 except 子句，将所发生的异常与 except 之后的异常类型进行匹配，如果找到相匹配的错误类型，则执行相应的异常处理语句块；如果找不到，则执行最后一个 except 子句中的默认异常处理语句块。如果执行 try 语句块时没有发生异常，Python 系统则执行 else 语句后的语句块。异常处理结束后转向 try...except 语句之后的下一条语句。

注意：上面的表示形式中最后一个 except 子句和 else 子句都是可选的。

【例 9.3】 带有多个 except 的异常处理。

程序如下：

```
1   try:
2       x=input("请输入被除数:")
3       y=input("请输入除数:")
4       a=int(x)/float(y)*z
```

```
5    except    ZeroDivisionError:
6        print("除数不能为零")
7    except    NameError:
8        print("变量不存在")
9    else:
10       print(x,"/",y,"=",z)
```

程序运行结果为：

> 请输入被除数:3
>
> 请输入除数:4
>
> 变量不存在
>
> 再次运行结果：
>
> 请输入被除数:3
>
> 请输入除数:0
>
> 除数不能为零

【例 9.4】　字符串输出。

程序如下：

```
1    a_list=["apple","pear","banana","peach"]
2    while True:
3        n=int(input("请输入要输出的字符串的序号:") )
4        try:
5            print(a_list[n])
6        except:
7            print("列表元素的下标越界或格式不正确")
8        else:
9            break
```

程序运行结果：

> 请输入要输出的字符串的序号:1
>
> Pear
>
> 再次运行程序结果如下：
>
> 请输入要输出的字符串的序号:5
>
> 列表元素的下标越界或格式不正确
>
> 请输入要输出的字符串的序号:3
>
> peach

在该例中，如果 try 中的代码没有抛出任何异常，则执行 else 块中的代码"break"，也就是循环结束。

可以使用一个 except 捕获多个异常，将多个异常类型写在括号里用逗号隔开，形成一个元组，并且共用同一段异常处理语句块。

9.2.3　try...except...finally 语句结构

try...except...finally 语句的一般形式是：

```
try:
    语句块:
except:
    异常处理语句块
finally:
    语句块
```

其处理过程是：执行 try 中的语句块，如果执行正常，在 try 语句块执行结束后执行 finally 语句块，然后再转向 try...except 语句之后的下一条语句；如果引发异常，则转向 except 异常处理语句块，该语句块执行结束后执行 finally 语句块。也就是无论是否检测到异常，都会执行 finally 代码，因此一般会把一些清理工作例如关闭文件或者释放资源等写到 finally 语句块中。

【例 9.5】　文件读取异常处理。

程序如下：

```
1   try:
2       fp=open("test.txt","r")
3       ss=fp.read()
4       print("Read the contents:",ss)
5   except IOError:
6       print("IOError")
7   finally:
8       print("close file!")
9       fp.close()
```

如果在当前目录下不存在"test.txt"文件，则程序运行结果如下：

```
IOError
close file!
```

由于文件不存在，因此执行 try 语句时产生异常，执行 except 中的异常语句处理块，最后再执行 finally 语句块。

如果在当前目录下创建"test.txt"文件，并将字符串"abcdefg"写入文件中，则程序运行结果如下：

```
Read the contents: abcdefg
close file!
```

此时执行 try 语句块时没有产生异常，该 try 语句块执行完成后执行 finally 语句块。

9.3　自定义异常

Python 中允许自定义异常，用于描述 Python 中没有涉及的异常情况。Python 中的异常是类。要自定义异常，就必须先创建其中一个异常类(如图 9.1 所示)的子类，通过继承，将异常类的所有基本特点保留下来。新创建的异常类将提供方法，用户生成的类提供独有的错误。

定义自己的异常类一般通过直接或间接的方式继承自 Exception 类，初始化时同时使用 Exception 类的 __init__ 方法。引发自己定义的异常的语法使用 raise exceptiontype(arg...)，直接生成该异常类的一个实例并抛出该异常。在捕获异常时使用 except exceptiontype as var 的语法获取异常实例 var，从而可以在后续的处理中访问该异常实例的属性。

下面是用户自定义的与 RuntimeError 相关的异常实例，实例中创建了一个类，基类为 RuntimeError，用于在异常触发时输出更多的信息。在 try 语句块中，用户自定义的异常处理完后执行 except 块语句，变量 e 用于创建 Networkerror 类的实例。

```
class Networkerror(RuntimeError):
    def __init__(self,arg):
        self.args=arg
try:
    raise Networkerror("myexception")
except Networkerror as e:
    print(e.args)
```

以上程序运行结果如下：

```
('m', 'y', 'e', 'x', 'c', 'e', 'p', 't', 'i', 'o', 'n')
```

9.4　断言与上下文管理

断言与上下文管理是两种特殊的异常处理方式，在形式上比 try 语句要简单一些，能够满足简单的异常处理，也可以与标准的异常处理结构 try 语句结合使用。

9.4.1　断言

断言的作用是帮助调试程序，以保证程序的正确性。

Python 中使用 assert 语句可以声明断言，其一般形式是：

```
assert expression[,reason]
```

其处理过程为：该语句有 1 个或 2 个参数，第 2 个参数为可选项。第 1 个参数 expression 是一个逻辑值，执行时首先判断表达式 expression 的值，它是一个逻辑值，如果该值为 True，则什么都不做；如果该值为 False，则断言不通过，抛出异常。第 2 个参数是错误的描述，即断言失败时输出的信息。

【例 9.6】判断素数的断言处理。

程序如下：

```
1   def isPrime(n):
2       assert n >= 2
3       from math import sqrt
4       for i in range(2, int(sqrt(n))+1):
5           if n % i == 0:
```

```
6          return False
7      return True
8  while True:
9      n=int(input("请输入一个整数： "))
10     flag=isPrime(n)
11     if flag==True:
12         print("%d 是素数"%n)
13     else:
14         print("%d 不是素数"%n)
```

程序运行结果：

请输入一个整数：23

23 是素数

请输入一个整数： 32

32 不是素数

请输入一个整数： 1

Traceback (most recent call last):

    File "F:/python/ isPrime.py", line 11, in <module>

      flag=isPrime(n)

    File " F:/python/ isPrime.py.py", line 3, in isPrime

      assert n >= 2

AssertionError

在上例中，assert 异常被捕获，但没有对应的处理语句，因此它使程序终止并产生回溯。

说明：

(1) assert 语句用来声明某个条件是真的，当 assert 语句为假的时候，会引发 AssertionError 错误。例如：

```
>>> assert 1==1
>>> assert 1>1
Traceback (most recent call last):
    File "<pyshell#2>", line 1, in <module>
        assert 1>1
AssertionError
```

(2) assert 语句与异常处理 try 经常结合使用。

【例 9.7】 AssertionError 异常处理。

程序如下：

```
1  for i in range(3):
2      str=input("entry string:")
3      try:
4          assert len(str) == 5
5          print("string:%s"%str)
```

6   except AssertionError:

    7   print("Assertion Error")

程序运行结果：

    entry string:hello

    string:hello

    entry string:assert

    Assertion Error

    entry string:error

    string:error

9.4.2　上下文管理

使用 with 语句实现上下文管理功能，用于规定某个对象的使用范围。使用 with 自动关闭资源，可以在代码块执行完毕后还原进入该代码块时的现场，不论何种原因跳出 with 块，不论是否发生异常，总能保证文件被正确关闭，资源被正确释放。with 语句常用于文件操作、网络通信等之类的场合。

with 语句一般形式如下：

    with context_expression [as var]:

          with 语句块

【例 9.8】　with 应用。

程序如下：

    1   with open('test.txt') as f:

    2   for line in f:

    3   print(line,end=' ')

在例 9.8 中，当文件处理完成时，会自动关闭文件。

练　习　题

1. 程序中的错误通常有哪几种？

2. Python 异常处理结构有哪些？

3. 语句 try...except 和 try...finally 有什么不同？

4. 编写程序，输入三个数字。用输入的第一个数字除以第二个数字，得到的结果与第二个数字相加。使用异常检查可能出现的错误：IOError、ValueError 和 ZeroDivisionError。

第 10 章　面向对象程序设计

Python 采用面向对象程序设计(Object Oriented Programming，OOP)思想，是真正面向对象的高级动态编程语言，支持面向对象的基本功能。本章系统地介绍面向对象程序设计的基本概念和 Python 面向对象程序设计的基本方法，包括类、对象、继承、多态以及对基类对象的覆盖或重写。通过本章的学习，读者能够更多地认识到 Python 面向对象程序设计。

10.1　面向对象程序设计概述

面向对象程序设计是一种计算机编程架构，主要针对大型软件设计而提出。面向对象程序设计是软件工程、结构化程序设计、数据抽象、信息隐藏、知识表示及并行处理等多种理论的积累和发展，可使软件设计更加灵活，也可更好地支持代码复用和设计复用，使代码更具有可读性和可扩展性。

10.1.1　面向对象的基本概念

面向对象方法是一种集问题分析方法、软件设计方法和人类的思维于一体的，贯穿软件系统分析、设计和实现整个过程的程序设计方法。面向对象方法的基本思想是：对问题空间进行自然分割，以更接近人类思维的方式建立问题域模型，以便对客观实体进行结构模拟和行为模拟，从而使设计出的软件尽可能直接地描述现实世界，并限制软件的复杂性，降低软件开发费用，从而构造出模块化的、可重用的、维护方便的软件。在面向对象方法中，对象作为描述信息实体的统一概念，把属性和服务融为一体，通过类、对象、服务、消息、继承、封装、多态、联编等概念和机制构造软件系统，并为软件重用和方便维护提供强有力的支持。

1. 对象

现实世界中客观存在的事物称为对象(object)。在现实世界中，对象有两大类：① 人们身边存在的一切事物，如一个人、一本书、一座大楼、一棵树等；② 人们身边发生的一切事件，如一场篮球比赛、一人到图书馆的借书过程、一次演出等。不同的对象有不同的特征和功能。例如：一个人有姓名、性别、年龄、身高、体重等特征，也具有说话、行走等功能。

现实世界是由一个个这样的对象相互之间有机联系组成的。如果把现实世界中的对象进行计算机数字化转换，则对象具有如下特征：

(1) 有一个名称，用来唯一标识对象；

(2) 有一组状态，用来描述其特征；

(3) 有一组操作，用来实现其功能。

2. 类

类(class)是对一组具有相同属性和相同操作对象的抽象。一个类就是对一组相似对象的共同描述，它整体地代表一组对象。类封装了对描述某些现实世界对象的内容和行为所需的数据和操作的抽象，它给出了属于该类的全部对象的抽象定义，包括类的属性、操作和其他性质。对象知识符合某个类定义的一个实体，属于某个类的一个具体对象称为该类的一个实例(instance)。

可以把类看作是某些对象的模板(template)，抽象地描述了属于该类的全部对象共有的属性和操作。类与对象(实例)的关系是抽象与具体的关系，类是多个对象(实例)的综合抽象，对象(实例)是类的个体实物。例如：在学生信息管理系统中，学生是一个类，它是一个特殊的人的群体。学生类的属性有学号、姓名、性别、年龄等，可能定义了入学注册、选课等操作。张三是一名学生，是一个具体的对象，也是学生类的一个实例。

一个类的构造至少应包括以下方面：

(1) 类的名称；

(2) 属性结构，包括所用的类型、实例变量及操作的定义；

(3) 与其他类的关系，如继承关系等；

(4) 外部操作类的实例的操作界面。

3. 消息

消息(message)是指对象之间在交互中所传送的通信信息。面向对象的封装机制使对象各自独立，各司其职。消息是对象间交互、协同工作的手段，它激发接收对象产生某种服务操作，通过操作的执行来完成相应的服务行为。当一个消息发送给某个对象时，包含有要求接收对象去执行某个服务的信息。接收到消息的对象经过解释，然后予以响应，这种通信机制称作消息传递。发送消息的对象不需要知道接收消息的对象如何对消息予以响应。

通常一个消息由以下三部分组成：

(1) 接收消息的对象；

(2) 消息名；

(3) 零个或多个参数。

4. 封装

在面向对象方法中，对象属性和方法的实现代码被封装在对象的内部。一个对象就像是一个黑盒子，表示对象状态的属性和服务的实现代码被封装存放在黑盒子里，从外面无法看见，更不能修改。对象向外界提供访问的接口，外界只能通过对象的接口来访问该对象。外界通过对象的接口访问对象称为向该对象发送消息。对象具有的这种封装特性称为封装性(encapsulation)。类是对象封装的工具，对象是封装的实现。

封装的信息隐蔽作用反映了事物的相对独立性，使我们只关心它对外所提供的接口，即它能做什么，而不注意它的内部细节，即怎么提供这些方法。封装的结果使对象以外的部分不能随意存取对象的内部属性，从而有效避免了外部错误对它的影响，大大减少了差错和排错的难度。另外，当对象内部进行修改时，由于它只通过少量的服务接口对外提供服务，因此同样减小了内部修改对外部的影响。

5. 继承性

继承性(inheritance)是面向对象程序设计的一个重要特性，它允许在已有类的基础上创建新的类，新类可以从一个或多个已有类中继承函数和数据，而且可以重新定义或加进新的数据和函数，从而新类不但可以共享原有类的属性，同时也具有新的特性，这样就形成类的层次或等级。

可以让一个类拥有全部的属性，还可以通过继承让另一个类继承它的全部属性。被继承的类称为基类或者父类，而继承的类或者说是派生出来的新类称为派生类或者子类。

对于一个派生类，如果只有一个基类，称为单继承；如果同时有多个基类，称为多重继承。单继承可以看成是多重继承的一个最简单特例，而多重继承可以看成是多个单继承的组合。

类的继承具有传递性，即如果类 C 是类 B 的子类，类 B 是类 A 的子类，则类 C 不仅继承类 B 的所有属性和方法，还继承类 A 的所有属性和功能。因此一个类实际上继承了它所在类层次以上层的全部父类的属性和方法。因此，属于该类的对象不仅具有自己的属性和方法，还具有该类所有父类的属性和方法。

6. 多态性

多态性(polymorphism)一词来源于希腊。从字面上理解，poly(表示多的意思)和 morphos(意为形态)即"many forms"，是指同一种事物具有多种形态。在自然语言中，多态性是"一词多义"，是指相同的动词作用到不同类型的对象上。例如，驾驶摩托车、驾驶汽车、驾驶飞机、驾驶轮船、驾驶火车等这些行为都具有相同的动作——"驾驶"，它们各自作用的对象不同，具体的驾驶动作也不同，但却都表达了同样的一种含义——驾驶交通工具。试想如果用不同的动词来表达"驾驶"这一含义，那将会在使用中产生很多麻烦。

简单地说，多态性是指类中具有相似功能的不同函数使用同一名称，从而使得可以用相同的调用方式达到调用具有不同功能的同名函数的效果。在面向对象程序设计语言中，多态性是指不同对象接收到相同的消息时产生不同的响应动作，即对应相同的函数名，却执行不同的函数体，从而用同样的接口去访问功能不同的函数，实现"一个接口，多种方法"。

10.1.2　从面向过程到面向对象

面向过程(Object Oriented，OO)的程序设计是一种自上而下的设计方法。瑞士计算机科学家尼克劳斯·威茨(Niklaus Wirth)提出了计算机系统中一个重要的公式：

程序 ＝ 数据结构 ＋ 算法

该公式体现了面向过程程序设计的核心思想——数据与算法。在面向过程的程序设计方法中，将数据与数据处理过程分开，对程序按照功能分割成一个个小的子函数并逐步分解，将问题拆分为一个个较小的功能模块。面向过程的程序设计是以函数为中心，用函数作为划分程序的基本单位，数据在其中起到从属的作用。

面向过程程序设计易于理解和掌握，但在处理一些较为复杂的问题时会存在许多问题。面向过程程序设计一般既有定义数据的元素，也有定义操作的元素，即将数据与操作分割，这样不易于维护程序。除此之外，还存在代码复用率低、可扩展性差等缺点。

面向对象程序设计是一种自下而上的程序设计方法,将数据与数据处理当作一个整体,即一个对象。相较于面向过程的程序设计方法,面向对象程序设计有以下优点:

　　(1) 将数据抽象化,可在外部接口不改变的前提下改变内部实现,避免或减少外部干扰。

　　(2) 通过继承可大幅度减少冗余代码,降低代码出错率,提高代码利用率与软件可维护性。

　　(3) 将对象按照同一属性和行为划分为不同的类,可将软件系统分割为若干个相互独立的部分,便于控制软件复杂度。

　　(4) 以对象为核心,开发人员可从静态(属性)和动态(方法)两个方面考虑问题,更好地设计实现系统。

　　Python 采用面向对象的程序设计思想,是面向对象的高级动态编程语言,完全支持面向过程的基本功能,包括封装、继承、多态以及对基类方法的覆盖和重写。相较于其他编程语言,Python 中对象的概念更加广泛,不仅仅是某个类的实例化,也可以是任何内容。例如,字典、元组等内置数据类型也同时具有与类完全相似的语法和用法。创建类时用变量形式表示的对象属性称为数据成员或成员属性,用函数形式表示的对象行为称为成员函数或成员方法,成员属性和成员方法统称为类的成员。

10.2　类　与　对　象

10.2.1　类的定义

　　类和对象是计算机系统世界中重要的两个概念,类是客观事物的抽象,对象是类的实例化。Python 中使用 class 关键字定义类。定义类的一般方法如下:

```
class　类名:
        类的内部实现
```

　　class 关键字后紧跟空格,空格之后是类的名称;类名称后面必须有冒号,然后换行,以空格控制 Python 逻辑关系;最后定义类的内部实现。

　　类名一般首字母需要大写;当然也可以按照个人习惯,但需要注意整个系统的设计与实现保持风格一致。

　　【例 10.1】　类的定义。

　　程序如下:

```
1   class Cat:
2           def describe (self):
3                   print ('This is a cat' )
```

　　例 10.1 中,Cat 类只有一个方法 describe,类方法中至少需要一个参数 self,self 表示实例化对象本身。

　　注意:类的所有实例方法必须有一个参数为 self,self 代表将来要创建的对象本身,并且必须是第一个形参。在类的实例方法中访问实例属性需要以 self 作为前缀,在外部通过类名调用对象方法同样需要以 self 作为参数传值，而在外部通过对象名调用对象方法时不需要传递该参数。

实际应用中，在类中定义实例方法的第一个参数并不必须名为 self，也可以为开发人员自定义。

【例 10.2】 类的定义。

程序如下：

```
1   class Dog:
2       def __init__(this, d):
3           this.value = d
4       def show(this):
5           print(this.value)
6       d = Dog (23)
7       d.show()
```

程序运行结果：

```
23
```

10.2.2　对象的创建和使用

类是抽象的。创建类之后，要使用类定义的功能，必须将其实例化，即创建类的对象。类的一般形式为：

```
对象名=类名(参数列表)
```

创建对象后，可通过"对象名.成员"的方式访问其中的数据成员或成员方法。

【例 10.3】 对例 10.1 中定义的类进行对象的创建与使用。

程序如下：

```
1   cat = Cat()                          #创建对象
2   cat. describe()                      #调用成员方法
```

程序运行结果：

```
This is a cat
```

Python 提供内测函数 isinstance () 来判断一个对象是否是已知类的实例，其语法如下：

```
isinstance ( object, classinfo )
```

其中，第一个参数(object)为对象，第二个参数(classinfo)为类名，返回值为布尔型(True 或 False)。

【例 10.4】 内置函数 isinstance。

程序如下：

```
>>isinstance (cat, Cat)
True
>>isinstance (cat, str)
False
```

10.3　属性与方法

10.3.1　实例属性

在 Python 中,属性包括实例属性和类属性两种。实例属性一般是指在构造函数__init__()中定义的，定义和使用时必须以 self 为前缀。

Python 中类的构造函数__init__用来初始化属性，在创建对象时自动执行。构造函数属于对象，每个对象都有属于自己的构造函数。若开发人员未编写构造函数，python 将提供一个默认的构造函数。

【例 10.5】 实例属性。

程序如下：

```
1    class cat:
2        def __init__(self, s):
3            this.name = s                        #定义实例属性
```

构造函数所对应的即析构函数。Python 中的析构函数是__del__，用来释放对象所占用的空间资源，在 Python 回收对象空间资源之前自动执行。同样，析构函数属于对象，对象都会有自己的析构函数。若开发人员未定义析构函数，Python 将提供一个默认的析构函数。

注意： __init__中 "__" 是两个下划线，中间没有空格。

10.3.2　类属性

类属性属于类，是在类中所有方法之外定义的数据成员，可通过类名或对象名访问。

【例 10.6】 类属性定义与使用。

程序如下：

```
1    class Cat:
2        size = 'small '                          #定义类属性
3        def __init__( self, s ):
4            self.name = s                        #定义实例属性
5    cat1 = Cat( 'mi' )
6    cat2 = Cat('mao' )
7        print( cat1.name, Cat.size )
```

程序运行结果：

```
mi    small
```

在类的方法中可以调用类本身方法，也可访问类属性及实例属性。值得注意的是，Python 可以动态地为类和对象增加成员，这点是与其他面向对象语言不同的，也是 Python 动态类型的重要特点。

【例 10.7】 动态增加成员。

程序如下：

```
Cat.size = 'big'                        #修改类属性
Cat.price = 1000                        #增加类属性
Cat.name = 'maomi'                      #修改实例属性
```

Python 成员有私有成员和共有成员，若属性名以两个下划线"__"(中间无空格)开头，则该属性为私有属性。私有属性在类的外部不能直接访问，需通过调用对象的共有成员方法或 Python 提供的特殊方式来访问。Python 为访问私有成员所提供的特殊方式用于测试和调试程序，一般不建议使用，该方法如下：

　　　　对象名._类名 + 私有成员

共有属性是公开使用的，既可以在类的内部使用，也可以在类的外部程序中使用。

【例 10.8】 共有成员和私有成员。

程序如下：

```
1    class Animal:
2    def __init__(self):
3        self.name = 'cat'              #定义共有成员
4        self.__color = 'white'         #定义私有成员
5    def setValue(self, n2, c2):
6        self.name = n2                 #类的内部使用共有成员
7        self.__color = c2              #类的内部访问私有成员
8     a = Animal()                      #创建对象
9     print( a.name )                   #外部访问共有成员
10    print( a.__color )               #外部特殊方式访问私有成员
```

程序运行结果：

```
cat
white
```

注意：Python 中不存在严格意义上的私有成员。

10.3.3　对象方法

类中定义的方法可大致分为私有方法、公有方法和静态方法三类。私有方法和公有方法属于对象，每个对象都有自己的公有方法和私有方法，这两类方法可访问属于类和对象的成员。公有方法通过对象名直接调用；私有方法以两个下划线"__"(无空格)开始，不能通过对象名直接访问，只能在属于对象的方法中调用或在外部通过 Python 提供的特殊方法调用。静态方法可通过类名和对象名调用，但不能直接访问属于对象的成员，只能访问属于类的成员。

【例 10.9】共有方法、私有方法和静态方法的定义和调用。

程序如下：

```
1        class Animal:
2            specic = 'cat'
3            def __init__(self):
4                self.__name = 'mao'                #定义和设置私有成员
```

```
5              self.__color = 'black'
6          def __outPutName(self):                    #定义私有函数
7              print( self.__name )
8          def __outPutColor(self):                   #定义私有函数
9              print( self.__color)
10         def outPut(self):                          #定义共有函数
11             outPutName()                           #调用私有方法
12             outPutColor()
13         @ staticmethod                             #定义静态方法
14         def getSpecie():
15             return Animal.specie                   #调用类属性
16         @ staticmethod
17         def setSpecie(s):
18             Animal.specie = s
19     #主程序
20     cat = Animal()
21     cat.outPut()                                   #调用共有方法
22     print( Animal.getSpecie())                     #调用静态方法
23     Animal.setSpecie( 'dog')                       #调用静态方法
24     print( Animal.getSpecie())
```

程序运行结果：

mao

black

cat

dog

10.4　继承和多态

10.4.1　继承

在面向对象程序设计中，当我们定义一个类时，可通过从已有的类中继承实现。新定义的类称为子类或派生类，而被继承的类称为基类、父类或者超类。继承的方式如下：

```
class <父类名>(object):
            <父类内部实现>
class <子类名>(<父类名>):
            <子类内部实现>
```

其中，基类必须继承于 object，否则派生类将无法使用 super()等函数。

派生类可以继承父类的公有成员，但不能继承父类的私有成员。派生类可通过内置函数 super()调用基类方法或通过以下方式调用：

基类名.方法名()

【例 10.10】 继承的实现。

程序如下：

```
1    class Animal (object):                      #定义基类
2      size = 'small'
3      def  __init__(self):                      #基类构造函数
4           self.color = 'white'
5           print ('superClass: init of animal' )
6      def outPut (self):                        #基类公有函数
7           print ( self.size )
8    class Dog (Animal):                         #子类 Dog，继承于 Animal 类
9      def __init__(self):                       #子类构造函数
10          self.name = 'dog'
11          print ('subClass: init of dog')
12     def run(self):                            #子类方法
13          print ( Dog.size, self.color, self.name)
14          Animal.outPut(self)                  #通过父类名调用父类构造函数(方法一)
15    class Cat (Animal):                        #子类 Cat，继承于 Animal 类
16     def __init__(self):                       #子类构造函数
17          self.name = 'cat'
18          print ('subClass: init of cat' )
19     def run(self):                            #子类方法
20          print(Cat.size, self.color, self.name)
21          super(Cat, self).__init__()          #调用父类构造函数(方式二)
22          super().outPut()                     #调用父类构造函数(方式三)
23
24    #主程序
25    a = Animal()
26    a.outPut()
27    dog = Dog()
28    dog.size = 'mid'
29    dog.color = 'black'
30    dog.run()
31    cat = Cat()
32    cat.name = 'maomi'
33    cat.run()
```

程序运行结果：

superClass: init of animal

small

subClass: init of dog

small black dog

mid

subClass: init of cat

superClass: init of animal

small white maomi

small

10.4.2　多重继承

Python 支持多重继承。若父类中有相同的方法名，子类在调用过程中并没有指定父类，则子类从左向右按照一定的访问序列逐一访问父类函数，保证每个父类函数仅被调用一次。

【例 10.11】　多重继承应用。

程序如下：

```
1        class A(object):                    #父类 A
2            def __init__(self):
3                print('start A')
4                print('end A')
5            def fun1(self):                  #父类函数
6                print('a_fun1')
7        class B(A):                          #类 B 继承于父类 A
8            def __init__(self):
9                print('start B')
10               super(B, self).__init__()
11               print('end B')
12           def fun2(self):
13               print('b_fun2')
14       class C(A):                          #类 C 继承于父类 A
15           def __init__(self):
16               print('start C')
17               super(C, self).__init__()
18               print('end C')
19           def fun1(self):                  #重写父类函数
20               print('c_fun1')
21       class D(B, C):                       #类 D 同时继承于类 B，类 C
22           def __init__(self):
23               print('start D')
24               super(D, self).__init__()
25               print('end D')
```

```
26      #主程序
27          d = D()
28          d.fun1()
```

程序运行结果：

```
start D
start B
start C
start A
end A
end C
end B
end D
c_fun1
```

说明：

(1) 多重继承访问顺序按照 C3 算法生成 MRO 访问序列。例 10.10 中，MRO 序列为{D, B, C, A}，类 D 中没有 fun1()函数，则按照序列访问父类，首先访问类 B，没有 fun1()函数；然后访问类 C，存在该函数，则调用父类 C 的 fun1()函数。

(2) Python 提供关键字 pass，类似于空语句，可在类、函数定义和选择结构等程序中使用。

(3) Python 提供 super()函数调用和父类名调用两种访问父类函数的方法。在多重继承程序设计中，需注意这两种方式不可混合使用，否则有可能会导致访问序列紊乱。

10.4.3　多态

多态是指不同对象对同一消息做出的不同反应，即"一个接口，不同实现"。按照实现方式，多态可分为编译时多态和运行时多态。编译时多态是指程序在运行前，可根据函数参数不同确定所需调用的函数；运行时多态是指在函数名和函数参数均一致，在程序运行前并不能确定调用的函数。Python 的多态与其他语言不同，Python 变量属于弱类型，定义变量可以不指明变量类型，并且 Python 语言是一种解释型语言，不需要预编译。因此 Python 语言仅存在运行时多态，程序运行时根据参数类型确定所调用的函数。

【例 10.12】　多态的应用。

程序如下：

```
1   class A(object):
2     def run(self):
3         print('this is A')
4   class  B(A):
5     def run(self):
6         print('this is B')
7   class  C(A):
8     def run(self):
```

```
9        print('this is C')
10   #主程序
11   b = B()
12   b.run()
13   c = C()
14   c.run()
```

程序运行结果：

    this is B

    this is C

有了继承才能有多态。在调用实例方法时可以不考虑该方法属于哪个类，将其当作父类对象处理。

10.5　面向对象程序设计举例

【例 10.13】　已知序列 a，求解所有元素的和与所有元素的积。

程序如下：

```
1    class ListArr:
2      def __init__(self):
3            self.sum = 0
4            self.pro = 1
5      def add(self, l):
6            for item in l:
7                  self.sum += item
8      def product(self, l):
9            for item in l:
10                 self.pro *= item
11   a = [12,32,63,54]
12   l = ListArr()
13   l.add(a)
14   l.product(a)
15   print(l.sum)
16   print(l.pro)
```

程序输出结果：

    10

    24

对 ListArr 类进行操作，首先实例化 ListArr 对象，构建对象时初始化该对象实例属性 sun 和 pro。ListArr 类包含两个方法，即求和函数 add 和求积函数 product。实例化 ListArr 类的同时，由构建函数初始化类的 sun 属性和 pro 属性，通过调用 add()函数对列表求和，

product()函数求列表每个元素的积。

【例 10.14】　随机产生 10 个数的列表，对该列表进行选择排序。

程序如下：

```
1   import random
2   class OrderList:
3       def __init__(self):
4           self.arr = []
5           self.num = 0
6       def getList(self):
7           for i in range(10):
8               self.arr.append(random.randint(1,100))
9               self.num += 1
10      def selectSort(self):
11              for i in range(0, self.num-1):
12                  for j in range(i+1, self.num):
13                      if self.arr[i]>self.arr[j]:
14                          self.arr[i],self.arr[j] = self.arr[j],self.arr[i]
15  lst = OrderList()
16  lst.getList()
17  print("before:",lst.arr)
18  lst.selectSort()
19  print("after:",lst.arr)
```

程序运行结果：

```
before: [99, 61, 44, 68, 35, 87, 60, 73, 3, 8]
after: [3, 8, 35, 44, 60, 61, 68, 73, 87, 99]
```

OrderList 类中定义了 getList()方法对象。在实例化对象后，对该类的 arr 属性进行赋值操作，随机产生 10 个数作为 arr 列表元素，调用 selectSort()函数对列表进行选择排序。选择排序的思想是在未排序的序列中找到最小元素，存放到序列起始位置；再从剩下未排序序列选择最小元素，存放到已排序序列末尾；以此类推，直到所有元素均排序完毕。

【例 10.15】　创建一个学校成员类，登记成员名称并统计总人数。教师类与学生类分别继承学校成员类，登记教师所带班级与学生成绩，每创建一个对象学校总人数加一，删除一个对象则减一。

程序如下：

```
1   class SchoolMember:
2       #总人数，这个是类的变量
3       sum_member = 0
4
5       # __init__构造函数在类的对象被创建时执行
6       def __init__(self, name):
```

```
7          self.name = name
8          SchoolMember.sum_member += 1
9          print("学校新加入一个成员：%s" % self.name)
10         print("学校共有%d 人" % SchoolMember.sum_member)
11
12     #自我介绍
13     def say_hello(self):
14         print("大家好，我叫%s" % self.name)
15
16     # __del__方法在对象不使用的时候运行
17     def __del__(self):
18         SchoolMember.sum_member -= 1
19         print("%s 离开了，学校还有%d 人" % (self.name, SchoolMember.sum_member))
20
21  #教师类继承学校成员类
22  class Teacher(SchoolMember):
23   def __init__(self, name, grade):
24         SchoolMember.__init__(self, name)
25         self.grade = grade
26
27   def say_hello(self):
28         SchoolMember.say_hello(self)
29         print("我是老师，我带的班级是%s 班" % self.grade)
30
31   def __del__(self):
32         SchoolMember.__del__(self)
33  #学生类
34  class Student(SchoolMember):
35   def __init__(self, name, mark):
36         SchoolMember.__init__(self, name)
37         self.mark = mark
38
39   def say_hello(self):
40         SchoolMember.say_hello(self)
41         print("我是学生，我的成绩是%d" % self.mark)
42   def __del__(self):
43         SchoolMember.__dcl__(self)
44
45  t = Teacher("Andrea", "1502")
```

```
46    t.say_hello()
47    s = Student("Cindy", 77)
48    s.say_hello()
```

程序运行结果：

　　　学校新加入一个成员：Andrea

　　　学校共有 1 人

　　　大家好，我叫 Andrea

　　　我是老师，我带的班级是 1502 班

　　　学校新加入一个成员：Cindy

　　　学校共有 2 人

　　　大家好，我叫 Cindy

　　　我是学生，我的成绩是 77

　　　Andrea 离开了，学校还有 1 人

　　　Cindy 离开了，学校还有 0 人

　　本例程序中定义了一个父类 SchoolMember 类，类成员包括 member 和 name 属性与 say_hello()方法。在对象创建时，调用__init__()构造函数；在对象使用结束时，调用__del__() 函数。Teacher 类与 Student 类继承于 SchoolMember 类，可直接使用父类的 member、name 公有属性和 say_hello()公有方法。另外，Teacher 类定义子类属性 grade，Student 类定义子类属性 mark。

练 习 题

　　1. 设计一个类 Flower，创建两个对象属性与两个方法，建立 Flower 两个实例化对象并使用。

　　2. 创建一个 Fruit 类为基类，包括若干属性及方法。两个子类 Apple、Pear 分别继承于 Fruit 类，并在子类中分别创建新的属性与方法，实例化对象并使用。

第11章　图形用户界面设计

　　图形用户界面(Graphical User Interface, GUI)是一种人与计算机通信的界面显示格式，允许用户使用鼠标等输入设备操纵屏幕上的图标或菜单选项，以选择命令、调用文件、启动程序或执行其他一些日常任务。与通过键盘输入文本或字符命令来完成例行任务的字符界面相比，图形用户界面有许多优点。图形用户界面由窗口、下拉菜单、对话框及其相应的控制机制构成，在各种新式应用程序中都是标准化的，即相同的操作总是以同样的方式来完成；在图形用户界面，用户看到和操作的都是图形对象，应用的是计算机图形学的技术。

　　Python 支持多种图形界面的第三方库，包括 tkinter、wxPython、Jython 等。本章主要介绍 tkinter。

　　tkinter 是一款流行的跨平台 GUI 工具包，是 Python 标准的 GUI 库，Python 自带的 IDLE 就是用它编写的。tkinter 可以编辑 GUI 界面，可以用 GUI 实现很多直观的功能，是 Python 创建 GUI 最常用的工具。它只提供了非常基本的功能，而未提供工具栏、可停靠式窗口及状态栏，但可以通过其他方法创建这些控件。tkinter 在 Windows(64/32)/Linux/UNIX/Macintosh 操作系统下均能使用。

　　在 Windows 下，python 3.2 版本之后是自动安装 tkinter 的，使用之前需要先导入，导入方式为：

```
import _tkinter
```

11.1　图形用户界面设计基础

　　GUI 程序的基础是根窗体(Root Window)，各 GUI 元素均放在窗体上。若将 GUI 视为一棵树，根窗体就是树根，树的分支均来自树根。我们需先引入 tkinter 模块，再实例化 tkinter 模块的 Tk 类，如 root = Tk()。这里不需要在类名前面加上模块名 tkinter。直接访问 tkinter 模块中的任何部分，可以创建一个根窗体。而每个 tkinter 程序只能有一个根窗体，可通过这个根窗体的一些方法对其进行修整。

　　GUI 元素被称为控件。Label 是较小的控件，它是一种很重要的控件，表示的是不可编辑的文本或图标，用于标记 GUI 中的各部分和其他控件。不同于其他控件，Label 具有不可交互的特性。tkinter 工具包中有 tkinter 模块，通过实例化该模块中的类的对象，就能创建 GUI 元素。Python 代码会调用内置的 tkinter，tkinter 封装了访问 Tk 的接口。Tk 是一个图形库，支持多个操作系统，使用 Tcl 语言开发。Tk 会调用操作系统提供的本地 GUI 接口，完成最终的 GUI。在 GUI 中，每个 Button、Label、输入框等都是一个 Widget。Frame 则是可以容纳其他 Widget 的 Widget，所有的 Widget 组合起来就是一棵树。pack()方法把 Widget 加入到父容器中，并实现布局。pack()是最简单的布局，grid()可以实现更复杂的布局。表 11.1 给出了部分 GUI 核心窗口控件(widget)说明和其对应的 tkinter 类。

表 11.1　部分 GUI 核心窗口控件说明和其对应的 tkinter 类

控件及类	说　　明
Frame	承载其他 GUI 元素
Label	显示不可编辑的文本或图片
Button	用户激活按钮时执行一个动作
Entry	接受并显示一行文本
Text	接受并显示多行文本
Checkbutton	允许用户选择或反选一个选项
Radiobutton	允许用户从多个选项中选取一个
Menu	与顶层窗口相关的选项
Scrollbar	滚动其他控件的滚动条
Canvas	图形绘图区：直线、圆、照片、文字等
Dialog	通用对话框的标记

【例 11.1】　创建图形窗口。

程序如下：

```
1   import tkinter
2   win = tkinter.Tk()
3   win.title(string = "名言警句")
4   b = tkinter.Label(win,text ="阅读使人充实，会谈使人敏捷，写作使人精确。—培根")
5   b.pack()
6   win.mainloop()
```

运行结果如图 11.1 所示。

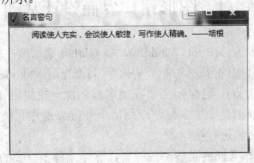

图 11.1　例 11.1 程序运行结果

上述代码的含义分析如下。

第 1 行：加载 tkinter 模块。

第 2 行：使用 tkinter 模块的 Tk()方法来创建一个主窗口。参数 win 是该窗口的句柄。

如果用户调用多次 Tk()方法，就可以创建多个主窗口。

第 3 行：把用户界面的标题设置为"名言警句"。

第 4 行：使用 tkinter 模块的 Label()方法，在窗口内创建一个 Label 控件。参数 win 是该窗口的句柄，参数 text 是 Label 控件的文字。Label()方法返回此标签控件的句柄。注意 tkinter 也支持 Unicode 字符串。

第 5 行：调用标签控件的 pack()方法，来设置窗口的位置、大小等选项。后面章节将会详细讲述 pack()的使用方法。

第 6 行：开始窗口的事件循环。如果想要关闭此窗口，只要单击窗口右上方的【关闭】按钮即可。

如果要让 GUI 应用程序能够在 Windows 下单独执行，必须将程序代码存储成.pyw 文件。这样就可以使用 pythonw.exe 来执行 GUI 应用程序，而不必打开 Python 解释器。如果将程序代码存储成.py 文件，必须使用 pythonw.exe 来执行 GUI 应用程序，此时会打开一个 MS-DOS 窗口。

11.2 常 用 控 件

11.2.1 tkinter 控件

tkinter 模块包含 15 个 tkinter 控件，如表 11.2 所示。

表 11.2 tkinter 控件

控件名称	说　　明
Button	按钮控件；在程序中显示按钮
Canvas	画布控件；用来画图形，如线条、多边形等
Checkbutton	多选框控件；用于在程序中提供多项选择框
Entry	输入控件；定义一个简单的文字输入字段
Frame	框架控件；定义一个窗体，以作为其他控件的容器
Label	标签控件；定义一个文字或是图片标签
Listbox	列表框控件；此控件定义一个下拉方块
Menu	菜单控件；定义一个菜单栏、下拉菜单和弹出菜单
Menubutton	菜单按钮控件；用于显示菜单项
Message	消息控件；定义一个对话框
Radiobutton	单选按钮控件；定义一个单选按钮
Scale	范围控件；定义一个滑动条，来帮助用户设置数值
Scrollbar	滚动条控件；定义一个滚动条
Text	文本控件；定义一个文本框
Toplevel	与 Frame 控件类似，可以作为其他控件的容器

1. 颜色名称常量

如果用户是在 Windows 操作系统内使用 tkinter，可以使用表 11.3 所定义的颜色名称常量。

表 11.3　Windows 操作系统的颜色名称常量

SystemActiveBorder	SystemActiveCaption	SystemAppWorkspace
SystemBackground	SystemButtonFace	SystemButtonHighlight
SystemButtonShadow	SystemButtonText	SystemCaptionText
SystemDisabledText	SystemHighlight	SystemHighlightText
SystemInavtiveBorder	SystemInavtiveCaption	SystemInactiveCaptionText
SystemMenu	SystemMenuText	SystemScrollbar
SystemWindow	SystemWindowFrame	SystemWindowText

2. 大小的测量单位

一般测量 tkinter 控件内大小时，是以像素为单位的。以下代码实现了定义 Button 控件的文字与边框之间的水平距离是 20 像素：

```
from tkinter import *
win = Tk()
Button(win, padx=20, text="关闭", command=win.quit).pack()
win.mainloop()
```

【例 11.2】　包含关闭按钮的图形界面。

程序如下：

```
1   from tkinter import *
2   win = Tk()
3   Button(win,padx=20,text="关闭",command=win.quit).pack()
4   Button(win,padx="2c",text="关闭",command=win.quit).pack()
5   Button(win,padx="8m",text="关闭",command=win.quit).pack()
6   Button(win,padx="2i",text="关闭",command=win.quit).pack()
7   Button(win,padx="20p",text="关闭",command=win.quit).pack()
8   win.mainloop()
```

程序运行结果如图 11.2 所示。

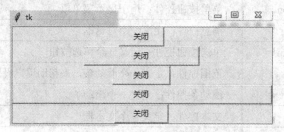

图 11.2　例 11.2 程序运行结果

该例添加了 5 个关闭按钮，每个按钮采用不同的测量单位。

3. 共同属性

每一个 tkinter 控件都有下列共同属性：

(1) anchor：定义控件在窗口内的位置或者文字信息在控件内的位置，位置可以是 N、NE、E、SE、SW、W、NW 或者 CENTER。

(2) Background(bg)：定义控件的背景颜色以及一个背景颜色为 SystemHighlight 的文字标签。

【例 11.3】 设置控件背景颜色。

程序如下：

```
1   from tkinter import *
2   win = Tk()
3   Label(win,background="#00ff00",text="曾伴浮云归晚翠，犹陪落日泛秋声。").pack()
4   Label(win,background="#00ff00",text="世间无限丹青手，一片伤心画不成。").pack()
5   win.mainloop()
```

程序运行结果如图 11.3 所示。

(3) bitmap：定义显示在控件内的 bitmap 图片文件。

(4) borderwidth：定义控件的边框宽度，单位是像素。

图 11.3 例 11.3 程序运行结果

【例 11.4】 设置控件边框，定义一个边框宽度为 10 个像素的按钮。

程序如下：

```
1   from tkinter import *
2   win = Tk()
3   Button(win,relief=RIDGE,borderwidth=10,text="关闭",command=win.quit).pack()
4   win.mainloop()
```

程序运行结果如图 11.4 所示。

(5) command：当控件有特定的动作发生，例如按下按钮时，此属性定义动作发生时所调用的 Python 函数。

(6) cursor：定义当鼠标指针移经控件上时鼠标指针的类型。可使用的鼠标指针类型有 crosshair、watch、xterm、fleur、arrow。

图 11.4 例 11.4 程序运行结果

(7) font：如果控件支持标题文字，可以使用此属性来定义标题文字的字体格式。此属性是一个元组格式：(字体，大小，字体样式)，字体样式可以是 bold、italic、underline 及 overstrike 等。允许同时设置多个字体样式。

【例 11.5】 设置文字标签的字体。

程序如下：

```
1   from tkinter import *
2   win = Tk()
3   Label(win,font=("Times",16,"bold"),text="溯洄从之，道阻且长。溯游从之，宛在水中央。").pack()
```

```
4    Label(win,font=("细明体",24,"bold  italic  underline"),text="溯洄从之，道阻且长。溯游从之，
宛在水中央。").pack()

5    win.mainloop()
```

程序运行结果如图 11.5 所示。

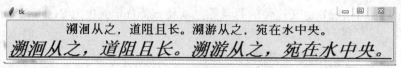

图 11.5　例 11.5 程序运行结果

(8) foreground(fg)：定义控件的前景(文字)颜色，颜色值可以是表 11.2 所列的名称，也可以是"#rrggbb"形式的数字。可以使用 foreground 或者 fg。

(9) height：如果是 Button、Label 或者 Text 控件，此属性定义以字符数目为单位的高度。对于其他的控件，则定义以像素(pixel)为单位的高度。

(10) highlightbackground：定义控件在没有键盘焦点时，绘制 highlight 区域的颜色。

(11) highlightcolor：定义控件在有键盘焦点时，绘制 highlight 区域的颜色。

(12) highlightthickness：定义 highlight 区域的宽度，以像素为单位。

(13) image：定义显示在控件内的图片文件。

(14) ustify：定义多行的文字标题的排列方式，此属性可以是 LEFT、CENTER 或者RIGHT。

(15) padx，pady：定义控件内的文字或者图片与控件的边框之间的水平与垂直距离。

(16) relief：定义控件的边框形式。所有的控件都有边框，不过有些控件的边框默认是不可见的。如果是 3D 形式的边框，此属性可以是 SUNKEN、RIDGE、RAISED 或者GROOVE。如果是 2D 形式的边框，此属性可以是 FLAT 或者 SOLID。

【例 11.6】 设置平面按钮。

程序如下：

```
1    from tkinter import *

2    win = Tk()

3    Button(win, relief=FLAT, text="关闭", command=win.quit).pack()

4    win.mainloop()
```

(17) text：定义控件的标题文字。

(18) variable：将控件的数值映像到一个变量。当控件的数值改变时，此变量也会跟着改变。同样地当变量改变时，控件的数值也会跟着改变。此变量是下列类的实例变量：StringVar、IntVar、DoubleVar 或者 BooleanVar。这些实例变量可以分别使用 get()与 set()方法来读取与设置变量。

(19) width：如果是 Button、Label 或者 Text 控件，此属性定义为以字符数目为单位的宽度。其他控件则定义为以像素(pixel)为单位的宽度。

【例 11.7】 设置一个 16 个字符宽度的按钮。

程序如下：

```
1    from tkinter import *
```

```
2   win = Tk()
3   Button(win, width=16, text="关闭", command=win.quit).pack()
4   win.mainloop()
```

11.2.2　Button 控件

Button 控件用来创建按钮，按钮内可以显示文字或者图片。

Button 控件的方法如下：

(1) flash()：将前景与背景颜色互换来产生闪烁的效果。

(2) invoke()：执行 command 属性所定义的函数。

Button widget 的属性如下：

(1) activebackground：当按钮在作用中时的背景颜色。

(2) activeforeground：当按钮在作用中时的前景颜色。

例如：

```
from tkinter import *
win = Tk()
Button(win,    activeforeground="#ff0000",    activebackground="#00ff00",    \text="关闭
",command=win.quit).pack()
win.mainloop()
```

(3) bitmap：显示在按钮上的位图，此属性只有在忽略 image 属性时才有用。此属性一般可设置成 gray12、gray25、gray50、gray75、hourglass、error、questhead、info、warning 与 question。也可以直接使用 XBM(X Bitmap)文件，在 XBM 文件名称之前加上一个@符号，例如 bitmap=@hello.xbm。

例如：

```
from tkinter import *
win = Tk()
Button(win, bitmap="question", command=win.quit).pack()win.mainloop()
```

(4) default：如果设置此属性，则此按钮为默认按钮。

(5) disabledforeground：当按钮在无作用时的前景颜色。

(6) image：显示在按钮上的图片，此属性的顺序在 text 与 bitmap 属性之前。

(7) state：定义按钮的状态，可以是 NORMAL、ACTIVE 或者 DISABLED。

(8) takefocus：定义用户是否可以使用 Tab 键，来改变按钮的焦点。

(9) text：显示在按钮上的文字。如果定义了 bitmap 或者 image 属性，text 属性就不会被使用。

(10) underline：一个整数偏移值，表示按钮上的文字哪一个字符要加底线，第一个字符的偏移值是 0。

(11) wraplength：一个以屏幕单位(screen unit)为单位的距离值，用来决定按钮上的文字在哪里需要换成多行。其默认值是不换行。

【例 11.8】　文字上添加底线。

程序如下：

```
1   from tkinter import *
2   win = Tk()
3   Button(win,text="我的主页",underline=0,command=win.quit).pack()
4   win.mainloop()
```

程序运行结果如图 11.6 所示。

图 11.6　例 11.8 程序运行结果

11.2.3　Canvas 控件

Canvas 控件用来创建与显示图形，如弧形、位图、图片、线条、椭圆形、多边形、矩形等。

Canvas 控件的方法如下：

(1) create_arc(coord, start, extent, fill)：创建一个弧形。参数 coord 定义画弧形区块的左上角与右下角坐标；参数 start 定义画弧形区块的起始角度(逆时针方向)；参数 extent 定义画弧形区块的结束角度(顺时针方向)；参数 fill 定义填满弧形区块的颜色。

【例 11.9】 绘制一个弧形，在窗口客户区的(10, 50)与(240, 210)坐标间画一个弧形，起始角度是 0 度，结束角度是 270 度，使用红色来填满弧形区块。

程序如下：

```
1   from tkinter import *
2   win = Tk()
3   coord = 10, 50, 240, 210
4   canvas = Canvas(win)
5   canvas.create_arc(coord, start=0, extent=270, fill="red")anvas.pack()
6   win.mainloop()
```

程序运行结果如图 11.7 所示。

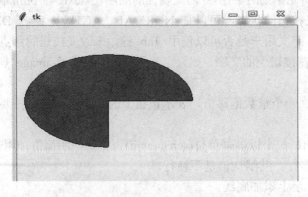

图 11.7　例 11.9 程序运行结果

(2) create_bitmap(x, y, bitmap)：创建一个位图。参数 x 与 y 定义位图的左上角坐标；参数 bitmap 定义位图的来源，可为 gray12、gray25、gray50、gray75、hourglass、error、questhead、info、warning 与 question。也可以直接使用 XBM(X Bitmap)文件，在 XBM 文件名称之前加上一个@符号。

(3) create_image(x, y, image)：创建一个图片。参数 x 与 y 定义图片的左上角坐标；参数 image 定义图片的来源，必须是 tkinter 模块的 BitmapImage 或者 PhotoImage 类的实例变量。

(4) create_line(x0, y0, x1, y1, ... , xn, yn, options)：创建一个线条。参数 x0、y0、x1、y1、…、xn、yn 定义线条的坐标；参数 options 可以是 width 或者 fill；width 定义线条的宽度，默认值是 1 个像素；fill 定义线条的颜色，默认值是 black。

【例 11.10】 绘制一个线条。

程序如下：

```
1   from tkinter import *
2   win = Tk()
3   canvas = Canvas(win)
4   canvas.create_line(10, 10, 40, 120, 230, 270, width=3, fill="green")
5   canvas.pack()
6   win.mainloop()
```

程序运行结果如图 11.8 所示。

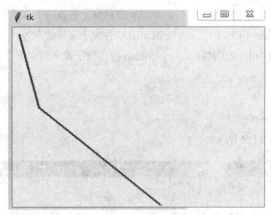

图 11.8　例 11.10 程序运行结果

11.2.4　Entry 控件

Entry 控件用来在窗体或者窗口内创建一个单行的文本框。

textvariable：此属性为用户输入的文字或者要显示在 Entry 控件内的文字。

get()：此方法可以读取 Entry widget 内的文字。

【例 11.11】 创建一个简单计算器。在窗口内创建一个窗体，在窗体内创建一个文本框，让用户输入一个表达式。在窗体内创建一个按钮，按下此按钮后即计算文本框内所输入的表达式。在窗体内创建一个文字标签，将表达式的计算结果显示在此文字标签上。

程序如下：

```
1   from tkinter import *
2   win =Tk()
3   frame = Frame(win)      #创建窗体
4
5   #创建一个表达式
6   def calc():
7       result = "=" +str(eval(expression.get()))
8       label.config(text = result)
9
10  label = Label(frame)              #创建一个 Label 控件
11  entry = Entry(frame)              #创建一个 Entry 控件
12  expression = StringVar()          #读取用户输入表达式
13  entry["textvariable"] = expression   #将用户输入表达式显示在 Entry 控件上
14
15  #创建一个 Button 控件，当用户输入完毕后，单击此按钮即计算表达式的结果
16  button1 = Button(frame,text="等于",command = calc)
17  entry.focus()                     #设置 Entry 控件为焦点所在
18  frame.pack()
19  entry.pack()                      #Entry 控件位于窗体的上方
20  label.pack(side=LEFT)             #Label 控件位于窗体的左方
21  button1.pack(side=RIGHT)          #Button 控件位于窗体的右方
22
23  #开始程序循环
24  frame.mainloop()
```

程序运行结果如图 11.9 所示。

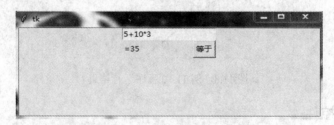

图 11.9　例 11.11 程序运行结果

11.2.5　Checkbutton 控件

Checkbutton 控件用来创建复选框。

Checkbutton 控件的属性如下：

(1) onvalue，offvalue：设置 Checkbutton 控件的 variable 属性所指定的变量所要存储

的数值。如果复选框没有被勾选，此变量的值为 offvalue；如果复选框被勾选，此变量的值为 onvalue。

(2) indicatoron：将此属性设置成 0，可以将整个控件变成复选框。

Checkbutton 控件的方法如下：

(1) select()：选择复选框，并且设置变量的值为 onvalue。

【例 11.12】 创建 3 个复选框。

程序如下：

```
1   from tkinter import *
2   win = Tk()
3   check1 = Checkbutton(win, text="苹果")
4   check2 = Checkbutton(win, text="香蕉")
5   check3 = Checkbutton(win, text="橘子")
6   check1.select()
7   check1.pack(side=LEFT)
8   check2.pack(side=LEFT)
9   check3.pack(side=LEFT)
10  win.mainloop()
```

程序运行结果如图 11.10 所示。

图 11.10 例 11.12 程序运行结果

(2) flash()：将前景与背景颜色互换来产生闪烁的效果。

(3) invoke()：执行 command 属性所定义的函数。

(4) toggle()：改变核取按钮的状态。如果核取按钮当前的状态是 on，就改成 off；反之亦然。

11.3 对象的布局

当向一个框架中放置一些控件后，就需要一种对它们进行合理组织的手段，将控件指定到对应位置，以控制 GUI 的外观。布局管理器就可实现这种功能。大多数时下流行的 GUI 工具包均使用"布局"(layout)来排布控件，而不是将控件的大小及位置写成固定值。通过这种方式，每个控件既可以保持与其他控件的相对位置关系，同时又能自动扩大或缩小尺寸，以便与其内容相吻合。Tkinter 提供 grid、pack 和 place 三种完全不同的布局管理类：

(1) pack()：将控件放置在父控件内之前，规划此控件在区块内的位置。

(2) grid()：将控件放置在父控件内之前，将此控件规划成一个表格类型的架构。

(3) place()：将控件放置在父控件内的特定位置。

11.3.1　pack()方法

pack()方法依照其内的属性设置，将控件放置在 Frame 控件(窗体)或者窗口内。当用户创建了一个 Frame 控件后，就可以将控件放入。Frame 控件内存储控件的地方叫作 parcel。如果用户想要将一批控件依照顺序放入，必须将这些控件的 anchor 属性设成相同。如果没有设置任何选项，这些控件会从上而下排列。

pack()方法有以下选项：

(1) expand：此选项让控件使用所有剩下的空间。如此当窗口改变大小时，才能让控件使用多余的空间。如 expand 等于 1，当窗口大小改变时，窗体会占满整个窗口剩余的空间；如果 expand 等于 0，当窗口大小改变时，窗体保持不变。

(2) fill：此选项决定控件如何填满 parcel 的空间，可以是 X、Y、BOTH 或者 NONE，此选项必须在 expand 等于 1 时才有作用。当 fill 等于 X 时，窗体会占满整个窗口 X 方向剩余的空间；当 fill 等于 Y 时，窗体会占满整个窗口 Y 方向剩余的空间；当 fill 等于 BOTH 时，窗体会占满整个窗口剩余的空间；当 fill 等于 NONE 时，窗体保持不变。

(3) ipadx，ipady：此选项与 fill 选项共同使用，来定义窗体内的控件与窗体边界之间的距离。此选项的单位是像素；也可以是其他测量单位，如厘米、英寸等。

(4) padx，pady：此选项定义控件之间的距离。此选项的单位是像素；也可以是其他测量单位，如厘米、英寸等。

(5) side：此选项定义控件放置的位置，可以是 TOP(靠上对齐)、BOTTOM(靠下对齐)、LEFT(靠左对齐)与 RIGHT(靠右对齐)。

11.3.2　grid()方法

grid()方法将控件依照表格的栏列方式来放置在窗体或者窗口内。

grid()方法有以下选项：

(1) row：设置控件在表格中的第几列。

(2) column：设置控件在表格中的第几栏。

(3) columnspan：设置控件在表格中合并栏的数目。

(4) rowspan：设置控件在表格中合并列的数目。

【例 11.13】　使用 grid()方法创建一个 5×5 的按钮数组。

程序如下：

```
1   from tkinter import *
2   #主窗口
3   win = Tk()
4   #创建窗体
5   frame = Frame(win, relief=RAISED, borderwidth=2)
6   frame.pack(side=TOP, fill=BOTH, ipadx=5, ipady=5, expand=1)
7   #创建按钮数组
```

```
8    for i in range(5):
9        for j in range(5):
10           Button(frame, text="(" + str(i) + "," + str(j)+ ")").grid(row=i, column=j)
11   #开始窗口的事件循环
12   win.mainloop()
```

程序运行结果如图 11.11 所示。

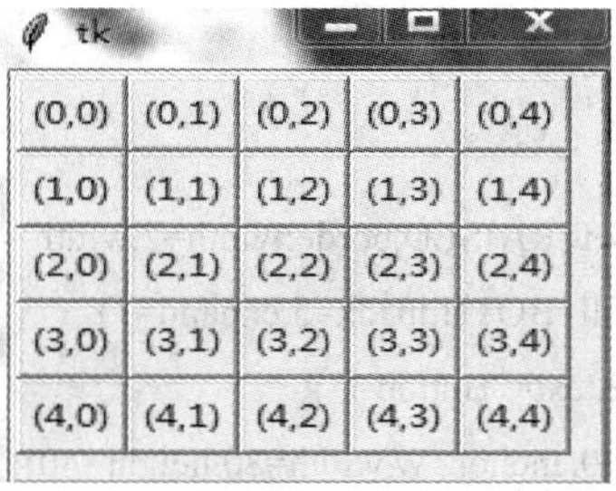

图 11.11 例 11.13 程序运行结果

上述代码的含义分析如下：

(1) 第 5 行：创建一个 Frame 控件来作为窗体。此窗体的外形突起，边框厚度为 2 个像素。

(2) 第 6 行：此窗体在窗口的顶端(side=TOP)，当窗口大小改变时，窗体会占满整个窗口剩余的空间(fill=BOTH)。控件与窗体边界之间的水平距离是 5 个像素，垂直距离是 5 个像素。

(3) 第 8～10 行：创建按钮数组，按钮上的文字是(row, column)。str(i)是将数字类型的变量 i 转换成字符串类型，str(j)是将数字类型的变量 j 转换成字符串类型。

11.3.3 place()方法

place()方法设置控件在窗体或者窗口内的绝对地址或者相对地址。

place()方法有如下选项：

(1) anchor：定义控件在窗体或者窗口内的方位。可以是 N、NE、E、SE、S、SW、W、NW 或者 CENTER。默认值是 NW，表示在左上角方位。

(2) bordermode：定义控件的坐标是否要考虑边界的宽度。此选项可以是 OUTSIDE 或者 INSIDE，默认值是 INSIDE。

(3) height：定义控件的高度，单位是像素。

(4) width：定义控件的宽度，单位是像素。

(5) in(in_)：定义控件相对于参考控件的位置。

(6) relheight：定义控件相对于参考控件(使用 in_选项)的高度。

(7) relwidth：定义控件相对于参考控件(使用 in_选项)的宽度。

(8) relx：定义控件相对于参考控件(使用 in_选项)的水平位移。如果没有设置 in_选项，则相对于父控件。

(9) rely：定义控件相对于参考控件(使用 in_选项)的垂直位移。如果没有设置 in_选项，则相对于父控件。

(10) x：定义控件的绝对水平位置，默认值是 0。

(11) y：定义控件的绝对垂直位置，默认值是 0。

【例 11.14】　使用 place()方法创建 2 个按钮。第 1 个按钮的位置在距离窗体左上角的 (40, 40)坐标处，第 2 个按钮的位置在距离窗体左上角的(140, 80)坐标处。按钮的宽度是 80 个像素，按钮的高度是 40 个像素。

程序如下：

```
1    from tkinter import *
2    win = Tk()
3    frame = Frame(win,relief=RAISED,borderwidth=2,width=400,height=300)
4    frame.pack(side=TOP,fill=BOTH,ipadx=5,expand=1)
5    button1 = Button(frame,text="Button 1")
6    button1.place(x=40,y=40,anchor=W,width=80,height=40)
7    button2 = Button(frame, text="Button 2")
8    button2.place(x=140,y=80,anchor=W,width=80,height=40)
9    win.mainloop()
```

程序运行结果如图 11.12 所示。

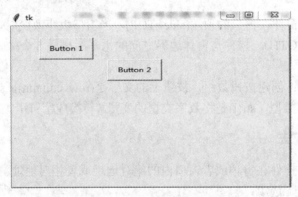

图 11.12　例 11.14 程序运行结果

上述代码的含义分析如下：

(1) 第 3 行：创建一个 Frame 控件来作为窗体。此窗体的外形突起，边框厚度为 2 个像素。窗体的宽度是 400 个像素，高度是 300 个像素。

(2) 第 4 行：此窗体在窗口的顶端(side=TOP)。当窗口大小改变时，窗体会占满整个窗口剩余的空间(fill=BOTH)。widget 与窗体边界之间的水平距离是 5 个像素，垂直距离是 5 个像素。

(3) 第 5~6 行：创建第 1 个按钮。位置在距离窗体左上角的(40, 40)坐标处，宽度是 80 个像素，高度是 40 个像素。

(4) 第 7~8 行：创建第 2 个按钮。位置在距离窗体左上角的(140, 80)坐标处，宽度是 80 个像素，高度是 40 个像素。

11.4 事 件 处 理

事件(event)指可能会发生在对象上的事，要求有相应响应。它是一个信号，告知应用程序有重要情况发生。GUI 程序通常是由事件驱动的，编写事件驱动程序时需将事件跟程序处理器绑定起来。如最简单的用户按键盘的某个键或单击移动鼠标。对于上述事件，程序需要做出反应，称为事件处理。Tkinter 提供的控件一般均含有诸多内在行为，如当单击按钮时执行特定操作或聚焦在一个输入栏时，用户又按了键盘上的某些键，用户输入的内容则会在输入栏中显示，而 tkinter 的事件处理允许用户创建、修改或删除以上行为。

当使用 tkinter 创建图形模式应用程序时，有时候需要处理一些事件，如键盘、鼠标等的动作。只要设置好事件处理例程(此函数称为 callback)，就可以在控件内处理这些事件。使用的语法如下：

```
    def   function(event):
        ...
    Weidget.bind("<event>",function)
```

参数的含义为：

(1) widget 是 tkinter 控件的实例变量。

(2) <event>是事件的名称。

(3) function 是事件处理例程。tkinter 会传给事件处理例程一个 event 变量，此变量内含事件发生时的 x、y 坐标(鼠标事件)以及 ASCII 码(键盘事件)等。

11.4.1 事件的属性

当有事件发生时，tkinter 会传给事件处理例程一个 event 变量。表 11.4 列出变量包含的属性。

表 11.4 变量的属性

变量名	属 性
char	键盘的字符码，例如 A 键的 char 属性等于 A，F1 键的 char 属性无法显示
keycode	键盘的 ASCII 码，例如 A 键的 keycode 属性等于 65
keysym	键盘的符号，例如 A 键的 keysym 属性等于 A，F1 键的 keysym 属性等于 F1
height，width	控件的新高度与宽度，单位是像素
num	事件发生时的鼠标按键码
widget	目前的鼠标光标位置
x，y	加载和表示字体
x_root，y_root	相对于屏幕左上角的目前鼠标光标位置
type	显示事件的种类

11.4.2　事件绑定方法

用户可以使用以下 tkinter 控件的方法将控件与事件绑定起来：

(1) after(milliseconds [, callback [, arguments]])：在 milliseconds 时间后，调用 callback 函数，arguments 是 callback 函数的参数。此方法返回一个 identifier 值，可以应用在 after_cancel() 方法。

(2) after_cancel(identifier)：取消 callback 函数，identifier 是 after() 函数的返回值。

(3) after_idle(callback, arguments)：当系统在 idle 状态(无事可做)时，调用 callback 函数。

(4) bindtags()：返回控件所使用的绑定搜索顺序。返回值是一个元组，包含搜索绑定所用的命名空间。

(5) bind(event, callback)：设置 event 事件的处理函数 callback。可以使用下列格式来设置多个 callback 函数：

> bind(event, callback, "+")

(6) bind_all(event, callback)：设置应用程序阶层的 event 事件的处理函数 callback。可以使用下列格式来设置多个 callback 函数：

> bind_all(event, callback, "+")

此方法可以设置公用的快捷键。

(7) bind_class(widgetclass, event, callback)：设置 event 事件的处理函数 callback，此 callback 函数由 widgetclass 类而来。可以使用下列格式来设置多个 callback 函数：

> bind_class(widgetclass, event, callback, "+")

(8) <Configure>：此实例变量可以用来指示控件的大小改变或者移到新的位置。

(9) unbind(event)：删除 event 事件与 callback 函数的绑定。

(10) unbind_all(event)：删除应用程序附属的 event 事件与 callback 函数的绑定。

(11) unbind_class(event)：删除 event 事件与 callback 函数的绑定，此 callback 函数由 widgetclass 类而来。

11.4.3　系统协议

tkinter 提供拦截系统信息的机制，用户可以拦截这些系统信息，然后设置成自己的处理例程，这个机制称为协议处理例程(Protocol Handler)。

通常处理的协议如下：

(1) WM_DELETE_WINDOW：当系统要关闭该窗口时发生。

(2) WM_TAKE_FOCUS：当应用程序得到焦点时发生。

(3) WM_SAVE_YOURSELF：当应用程序需要存储内容时发生。

虽然这个机制是由 X system 所成立，Tk 函数库可以在所有的操作系统上处理这个机制。

要将协议与处理例程联结，其语法如下：

> widget.protocol(protocol, function_handler)

11.4.4　事件应用举例

【例 11.15】　使用系统协议拦截系统信息 WM_DELETE_WINDOW。当用户使用窗口右上角的【关闭】按钮来关闭打开的此窗口时，应用程序会显示一个对话框来询问是否真的要结束应用程序。

程序如下：

```
1    from tkinter import *
2    import tkinter.messagebox
3    #处理 WM_DELETE_WINDOW 事件
4    def handleProtocol():
5        #打开一个【确定/取消】对话框
6        if tkinter.messagebox.askokcancel("提示","你确定要关闭窗口吗"):
7            win.destroy()
8    #创建主窗口
9    win = Tk()
10   #创建协议
11   win.protocol("WM_DELETE_WINDOW",handleProtocol)
12   win.mainloop()
```

程序运行结果如图 11.13 所示。

图 11.13　例 11.15 程序运行结果

11.5　对　话　框

一般来说，用户在进行设置时，会弹出一些消息对话框，让用户进行一些操作，如弹出警告对话框，需要单击 OK 按钮。tkinter 提供下列不同类型的对话框，这些对话框的功能存放在 tkinter 的不同子模块中，主要包括 messagebox 模块、filedialog 模块和 colorchooser 模块。

11.5.1　messagebox 模块

messagebox 模块提供下列方法来打开供用户选择项目的对话框：

(1) askokcancel(title=None, message=None)：打开一个【确定/取消】对话框。
例如：

```
import tkinter.messagebox
tkinter.messagebox.askokcancel("提示", "你确定要关闭窗口吗？")
True
```

打开的对话框如图 11.14 所示。如果单击【确定】按钮，返回 True；如果单击【取消】按钮，返回 False。

(2) askquestion(title=None, message=None)：打开一个【是/否】对话框。例如：

```
import tkinter.messagebox
tkinter.messagebox.askquestion("提示", "你确定要关闭窗口吗？")
'yes'
```

打开的对话框如图 11.15 所示。

图 11.14　【确定/取消】对话框　　　　　图 11.15　【是/否】对话框

(3) askretrycancel(title=None, message=None)：打开一个【重试/取消】对话框。
例如：

```
import tkinter.messagebox
tkinter.messagebox.askretrycancel ("提示", "你确定要关闭窗口吗？")
True
```

(4) askyesno(title=None, message=None)：打开一个【是/否】对话框。

(5) showerror(title=None, message=None)：打开一个错误提示对话框。

(6) showinfo(title=None, message=None)：打开一个信息提示对话框。

(7) showwarning(title=None, message=None)：打开一个警告提示对话框。

11.5.2　filedialog 模块

tkinter.filedialog 模块可以打开【打开】对话框，或者【另存为】对话框。

(1) Open(master=None, filetypes=None)：打开一个【打开】对话框。参数 filetypes 是要打开的文件类型，为一个列表。

(2) SaveAs(master=None, filetypes=None)：打开一个【另存为】对话框。参数 filetypes 是要保存的文件类型，为一个列表。

创建两个按钮，第一个按钮打开一个【打开】对话框，第二个按钮打开一个【另存为】对话框。

【例 11.16】 创建两种对话框。

程序如下：

```
1    from tkinter import *
2    import tkinter.filedialog
3    #创建主窗口
4    win = Tk()
5    win.title(string = "打开文件和保存文件")
6    #打开一个【打开】对话框
7    def createOpenFileDialog():
8    myDialog1.show()
9    #打开一个【另存为】对话框
10   def createSaveAsDialog(): myDialog2.show()
11   #单击按钮后，即打开对话框
12   Button(win, text="打开文件", command=createOpenFileDialog).pack(side=LEFT)
     Button(win, text="保存文件", command=createSaveAsDialog).pack(side=LEFT)
13   #设置对话框打开或保存的文件类型
14   myFileTypes = [('Python files', '*.py *.pyw'), ('All files', '*')]
15   #创建一个【打开】对话框
16   myDialog1 = tkinter.filedialog.Open(win, filetypes=myFileTypes)
17   #创建一个【另存为】对话框
18   myDialog2 = tkinter.filedialog.SaveAs(win, filetypes=myFileTypes)
19   #开始程序循环
20   win.mainloop()
```

程序运行结果如图 11.16 所示。

图 11.16　例 11.16 程序运行结果

单击【打开文件】按钮，弹出【打开】对话框，如图 11.17 所示。单击【保存文件】按钮，弹出【另存为】对话框，如图 11.18 所示。

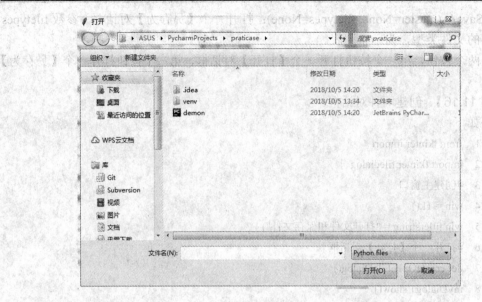

图 11.17　【打开】对话框

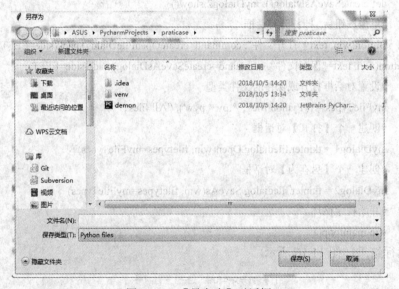

图 11.18　【另存为】对话框

11.5.3　colorchooser 模块

colorchooser 模块用于打开【颜色】对话框。

(1) skcolor(color=None)：直接打开一个【颜色】对话框，不需要父控件与 show()方法。返回值是一个元组，其格式为((R, G, B), "#rrggbb")。

(2) Chooser(master=None)：打开一个【颜色】对话框。返回值是　个元组，其格式为((R,G, B), "#rrggbb")。

【例 11.17】　创建两种对话框。

程序如下：

```
1    from tkinter import *
2    import tkinter.colorchooser, tkinter.messagebox
3
4    #创建主窗口
5    win = Tk()
6    win.title(string = "颜色对话框")
7    #打开一个【颜色】对话框
8    def openColorDialog():
9    #显示【颜色】对话框
10   color = colorDialog.show()
11   #显示所选择颜色的 RGB 值
12   tkinter.messagebox.showinfo("提示", "你选择的颜色是： " + color[1] + "\n" + \
13   "R = " + str(color[0][0]) + " G = " + str(color[0][1]) + " B = " +   str(color[0][2]))
14   #单击按钮后，即打开对话框
15   Button(win, text="打开【颜色】对话框",
16   command=openColorDialog).pack(side=LEFT)
17   #创建一个【颜色】对话框
18   colorDialog = tkinter.colorchooser.Chooser(win)
19   #开始程序循环
20   win.mainloop()
```

程序运行结果如图 11.19 所示，单击打开【颜色】对话框如图 11.20 所示。

图 11.19　例 11.17 程序运行结果

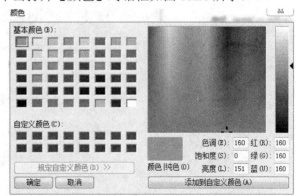

图 11.20　【颜色】对话框

练 习 题

1. 将本章中的例题在 Python 中输入、调试、运行并更改例题中的一些参数，比较更改后运行效果与例题中的异同。

2. 尝试在框架中放置 3 个大小相同的命令按钮并在窗体中等距分布。

3. 创建 1 个包含 4 个工具的工具栏，工具分别为 New、Open、help 和 Exit。单击前 3 个工具时在窗体下方的状态栏中显示相应的提示信息，单击 Exit 工具时退出程序。

4. 计算 $1+2+3+\cdots+n$，数据输入和输出均使用文本框。

5. 创建一个名为 Order List!的 GUI 程序，它向用户呈现一份简单的餐馆菜单，列出菜品和价钱。用户可以选取不同的菜品，然后显示总金额。

第 12 章　Python 标准库

　　Python 的强大之处在于拥有非常丰富的函数库，Python 的函数库分为标准库和第三方库、自定义库三种。标准库又称为内置函数库，是 Python 环境默认支持的函数库，是随着 Python 开发环境安装的时候默认自带的库；而第三方库在使用之前需要单独进行安装。

　　本章主要介绍常用的 Python 标准库。

12.1　random 库

　　在程序设计中，会遇到需要随机数的情况，Python 的 random 库提供了产生随机数的方法。

　　真正意义上的随机数(或者随机事件)在某次产生过程中是按照实验过程中表现的分布概率随机产生的，其结果是不可预测、不可见的。而计算机中的随机函数是按照一定算法模拟产生的，其结果是确定的，是可见的。可以认为这个可预见的结果其出现的概率是 100%。因此用计算机随机函数所产生的"随机数"并不随机，是伪随机数。

　　计算机的伪随机数是由随机种子根据一定的计算方法计算出来的数值。因此，只要计算方法一定，随机种子一定，那么产生的随机数就是固定的。只要用户或第三方不设置随机种子，那么在默认情况下随机种子来自系统时钟。

　　random 库属于 Python 的标准库，使用之前需要导入库：

```
import random
```

12.1.1　random 库的常用方法

　　random 库提供了产生随机数以及随机字符的多种方法。如表 12.1～12.4 分别是 random 提供的基本方法、针对整数的方法、针对组合数据类型的方法和真值分布的方法。

表 12.1　random 的基本方法

方　法	含　义
seed(a)	初始化伪随机数生成器
getstate()	返回一个当前生成器的内部状态的对象
setstate(state)	传入一个先前利用 getstate 方法获得的状态对象，使得生成器恢复到这个状态
getrandbits(k)	返回一个不大于 k 位的 Python 整数(十进制)，比如 $k=10$，则结果为在 $0\sim2^{10}$ 之间的整数

表 12.2   针对整数的方法

方 法	含 义
randint(a, b)	返回一个 a≤N≤b 的随机整数
randrange([start,]stop[,step])	从指定范围 start～stop 内按指定步长 step 递增的集合中，获取一个随机整数

表 12.3   针对序列类结构的方法

方 法	含 义
choice(seq)	从非空序列 seq 中随机选取一个元素。如果 seq 为空，则弹出 IndexError 异常
choices(population, weights=None, *, cum_weights=None, k=1)	Python 3.6 版本新增内容。从 population 集群中随机抽取 k 个元素。weights 是相对权重列表，cum_weights 是累计权重，两个参数不能同时存在
shuffle(x[, random])	随机打乱序列 x 内元素的排列顺序，只能针对可变的序列
sample(population, k)	从 population 样本或集合中随机抽取 k 个不重复的元素形成新的序列。常用于不重复的随机抽样，返回的是一个新的序列，不会破坏原有序列。从一个整数区间随机抽取一定数量的整数。如果 k 大于 population 的长度，则弹出 ValueError 异常

表 12.4   真 值 分 布

方 法	含 义
random()	返回一个介于左闭右开[0.0, 1.0)区间的浮点数
uniform(a, b)	返回一个介于 a 和 b 之间的浮点数。如果 a>b，则是 b 到 a 之间的浮点数。这里的 a 和 b 都有可能出现在结果中
triangular(low, high, mode)	返回一个 low≤N≤high 的三角形分布的随机数。参数 mode 指明众数出现的位置
betavariate(alpha, beta)	β 分布。返回的结果在 0～1 之间
expovariate(lambd)	指数分布
gammavariate(alpha, beta)	伽马分布
gauss(mu, sigma)	高斯分布
normalvariate(mu, sigma)	正态分布

1) random()

功能：返回一个介于左闭右开[0.0, 1.0)区间的浮点数。例如：

    >>> import random

    >>> random.random()

    0.8050901378898727

注意：该语句每次运行的结果不同，但都介于 0～1 之间。

2) seed(a)

功能：初始化伪随机数生成器，给随机数对象一个种子值，用于产生随机序列。

其中，参数 a 是随机数种子值。对于同一个种子值的输入，之后产生的随机数序列也一样。通常是把时间秒数等变化值作为种子值，达到每次运行产生的随机系列都不一样。如果未提供 a 或者 a=None，则使用系统时间作为种子。如果 a 是一个整数，则作为种子。

【例 12.1】随机数应用举例。

程序如下：

```
1    from numpy import *
2    num = 0
3    while(num < 5):
4      random.seed(5)
5      print(random.random())
6      num += 1
```

程序运行结果：

```
0.22199317109
0.22199317109
0.22199317109
0.22199317109
0.22199317109
```

从程序运行结可以看到，每次运行的结果都是一样的。

【例 12.2】　修改例 12.1，seed()只执行一次。

程序如下：

```
1    from numpy import *
2    num = 0
3    random.seed(5)
4    while(num < 5):
5      print(random.random())
6      num += 1
```

程序运行结果：

```
0.22199317109
0.870732306177
0.206719155339
0.918610907938
0.488411188795
```

该程序产生的随机数每次都是不一样的。

对比例 12.1 和例 12.2 的程序代码及运行结果可以看出：在同一个程序中，random.seed(x)只能一次有效。

seed()函数使用时要注意：

(1) 如果使用相同的 seed()值，则每次生成的随机数都相同。

(2) 如果不设置函数的参数，则使用当前系统时间作为种子，此时每次生成的随机数因时间差异而不同。

(3) 设置的 seed()值仅一次有效。

3) randint(a, b)

功能：返回一个 a≤N≤b 的随机整数 N。其中，参数 a 是下限，b 是上限。例如：

```
>>> random.randint(3,10)
4
>>> random.randint(3,10)
7
```

4) randrange([start,]end[,step])

功能：从指定范围 start~end 内按指定步长 step 递增的集合中，获取一个随机整数。
其中，start 是下限，end 是上限，step 是步长。例如：

```
>>> random.randrange(1,10,2)
3
>>> random.randrange(1,10,2)
9
```

注意：以上例子中 random.randrange(1,10,2)的结果相当于从列表[1,3,5,7,9]中获取一个
随机数。

5) choice(seq)

功能：从非空序列 seq 中随机选取一个元素。如果 seq 为空，则弹出 IndexError 异常。
其中，参数 seq 表示序列对象，序列包括列表、元组和字符串等。例如：

```
>>> random.choice([1, 2, 3, 5, 9])
5
>>>random.choice('A String')
A
```

6) shuffle(x[, random])

功能：随机打乱序列 x 内元素的排列顺序，返回随机排序后的序列。

注意：该方法只能针对可变的序列。

【例 12.3】 使用 shuffle()方法实现模拟洗牌程序。

程序如下：

```
1   import random
2   list = [20, 16, 10, 5]
3   random.shuffle(list)
4   print( "随机排序列表：",list)
5   random.shuffle(list)
6   print( "随机排序列表：",list)
```

程序运行结果：

```
随机排序列表：  [16, 20, 10, 5]
随机排序列表：  [10, 16, 20, 5]
```

7)　sample(population, k)

功能：从 population 样本或集合中随机抽取 *k* 个不重复的元素形成新的序列。

该方法一般用于不重复的随机抽样，返回的是一个新的序列，不会破坏原有序列。从一个整数区间随机抽取一定数量的整数，如果 *k* 大于 population 的长度，则弹出 ValueError 异常。例如：

>>> random.sample([10, 20, 30, 40, 50], k=4)

[30, 40, 50, 20]

>>> random.sample([10, 20, 30, 40, 50], k=4)

[20, 50, 10, 40]

>>> random.sample([10, 20, 30, 40, 50], k=4)

[20, 40, 30, 50]

注意：sample()方法不会改变原有的序列，但 shuffle()方法会直接改变原有序列。

8)　uniform(a, b)

功能：返回一个介于 a 和 b 之间的浮点数。

其中，参数 a 是下限，b 是上限。例如：

>>> import random

>>> random.uniform(10,20)

13.516894180425453

12.1.2　随机数应用举例

【例 12.4】　创建一个字符列表，这个列表中的内容从前到后依次包含小写字母、大写字母和数字。输入随机数的种子 x，生成 n 个密码，每个密码包含 m 个字符，m 个字符从字符列表中随机抽取。

分析　题目中要求的包含小写字母、大写字母和数字的字符列表可以使用列表的 append()方法创建。接着使用循环语句从列表中随机抽取 n 个包含有 m 个字符的列表，使用双重循环，外循环控制密码个数，内循环控制密码包含的字符个数。

程序如下：

```
1    import random
2    a_list = []
3
4    for i in range(97,123):
5        a_list.append(chr(i))
6    for i in range(65,91):
7        a_list.append(chr(i))
8    for i in range(48,58):
9        a_list.append(chr(i))
10
11   length=len(a_list)
```

```
12
13    x = int(input("请输入随机数种子 x: "))
14    n = int(input("请输入生成密码的个数 n: "))
15    m = int(input("请输入每个密码的字符数 m: "))
16
17    random.seed(x)
18    for i in range(n):
19      for j in range(m):
20        print(a_list[random.randint(0,length)],end="")
21      print()
```

程序运行结果:

请输入随机数种子 x: 20

请输入生成密码的个数 n: 5

请输入每个密码的字符数 m: 10

5URYX45jqR

O25g3uK5kb

AAegiuE8LC

AnmuO6RvvB

fOHZ1FzfnK

【例 12.5】 用户从键盘输入两个整数,第一个数是要猜的数 n(n<10); 第二个数作为随机种子,随机生成一个 1~10 的整数。如果该数不等于 n,则再次生成随机数,如此循环,直至猜中数 n,输出 "N times to got it",其中 N 为猜测的次数。

程序如下:

```
1    from random import *
2    n=int(input("请输入 n 的值(1~10): "))
3    m=int(input("请输入 m 的值: "))
4    count=1
5    seed(m)
6    b=int(randint(1,10))
7    while True:
8      if (b==n):
9        break
10     count=count+1
11     b=int(randint(1,10))
12   print("{} times to got it".format(count))
```

程序运行结果:

请输入 n 的值(1~10): 8

请输入 m 的值: 5

6 times to got it

12.2　trutle 库

turtle 库是 Python 语言绘制图像的函数库，也被人们称为海龟绘图，与各种三维软件都有着良好的兼容性。

turtle 库绘制图像的基本框架：一只小乌龟从一个横轴为 x、纵轴为 y 的坐标系原点(0,0)位置开始，根据一组函数指令的控制，在这个平面坐标系中移动，其爬行轨迹形成了绘制的图形。小海龟的爬行行为有"前进"、"后退"、"旋转"等；在爬行过程中，方向有"前进方向"、"后退方向"、"左侧方向"、"右侧方向"等。绘图开始时，小海龟位于画布正中央坐标系原点(0,0)位置，行进方向是水平向右。

turtle 库是 Python 提供的标准库，使用之前需要导入库：

>import turtle

12.2.1　设置画布

画布(canvas)是 turtle 展开用于绘图的区域，默认大小是(400, 300)，可以设置它的大小和初始位置。

设置画布大小可以使用以下两个库函数：

1) turtle.screensize(canvwidth, canvheight, bg)

其中，canvwidth 表示设置的画布宽度(单位像素)，canvheight 表示设置的画布高度(单位像素)，bg 表示设置的画布背景颜色。例如：

>>>turtle.screensize(800,600, "blue")　　#设置画布大小为(800,600)，背景色为蓝色

>>>turtle.screensize()　　　　　　　#设置画布为默认大小(400, 300)，背景色为白色

2) turtle.setup(width, height, startx, starty)

其中，width 表示画布宽度，如果其值是整数，表示像素值；如果其值是小数，表示画布宽度与电脑屏幕的比例。height 表示画布高度，如果其值是整数，表示像素值；如果其值是小数，表示画布高度与电脑屏幕的比例。startx 表示画布左侧与屏幕左侧的像素距离，如果其值是 None，画布位于屏幕水平中央。starty 表示画布顶部与屏幕顶部的像素距离，如果其值是 None，画布位于屏幕垂直中央。例如：

>>>turtle.setup(width=0.6,height=0.6)

>>>turtle.setup(width=800,height=800, startx=100, starty=100)

12.2.2　画笔及其绘图函数

turtle 中的画笔(pen)即小海龟。

在画布上，默认有一个坐标原点为画布中心的坐标轴，坐标原点上有一只面朝 x 轴正方向的小乌龟。turtle 绘图中，就是使用位置方向描述小乌龟(画笔)的状态。

控制小海龟绘图有很多函数，这些函数可以划分为画笔运动函数、画笔控制函数、全局控制函数和其他函数 4 种。

1. 画笔运动函数

常见的画笔运动函数如表 12.5 所示。

表 12.5　画笔运动函数

函　数	功　能
turtle.home()	将 turtle 移动到起点(0,0)和向东
turtle.forward(distance)	向当前画笔方向移动 distance 像素长度
turtle.backward(distance)	向当前画笔相反方向移动 distance 像素长度
turtle.right(degree)	顺时针移动 degree
turtle.left(degree)	逆时针移动 degree
turtle.pendown()	移动时绘制图形，缺省时也为绘制图形
turtle.penup()	移动时不绘制图形，提起笔，用于另起一个地方绘制时用
turtle.goto(x,y)	将画笔移动到坐标为 x、y 的位置
turtle.speed(speed)	画笔绘制的速度 speed 取值为[0,10]的整数，数字越大绘制速度越快
turtle.setheading(angle)	改变画笔绘制方向
turtle.circle(radius,extent,steps)	绘制一个指定半径、弧度范围、阶数(正多边形)的弧形
turtle.dot(diameter,color)	绘制一个指定直径和颜色的圆

1) turtle.seth(angle)

该函数的作用是按照 angle 角度逆时针改变海龟的行进方向，其中 angle 为绝对度数。例如：

>>> turtle.setheading(30)

2) turtle.circle(radius, extent, steps)

该函数的作用是以给定半径画弧形或正多边形。

其中，radius 表示半径，当值为正数时，表示圆心在画笔的左边画圆；当值为负数时，表示圆心在画笔的右边画圆。extent 表示绘制弧形的角度，当不设置该参数或参数值设置为 None 时，表示画整个圆形。steps 表示阶数，绘制半径为 radius 的圆的内切正多边形时，多边形边数为 steps。例如：

>>> turtle.circle(50)　　　　　　#绘制半径为 50 的圆
>>>turtle.circle(50,180)　　　　#绘制半径为 50 的半圆
>>> turtle.circle(50,steps=4)　#在半径为 50 的圆内绘制内切正四边形

2. 画笔控制函数

画笔控制函数如表 12.6 所示。

turtle.pencolor()函数的作用为设置画笔颜色，有两种调用方式：

(1) turtle.pencolor()：没有参数传入时，返回当前画笔颜色。

(2) turtle.pencolor(color)：参数 color 为颜色字符串或者 RGB 值。颜色字符串如"red"、"blue"、"grey"等；RGB 值是颜色对应的 RGB 数值，色彩取值范围为 0~255 的整数。

很多 RGB 颜色有固定的英文名称，这些英文名称可以作为颜色字符串，也可以采用三元组(r,g,b)形式表示颜色。几种常见的 RGB 颜色如表 12.7 所示。

表 12.6　画笔控制函数

命　　令	功　　能
turtle.pensize(width)	设置绘制图形时画笔的宽度
turtle.pencolor(color)	设置画笔颜色，color 为颜色字符串或者 RGB 值
turtle.fillcolor(colorstring)	设置绘制图形的填充颜色
turtle.color(color1, color2)	同时设置 pencolor=color1, fillcolor=color2
turtle.filling()	返回当前是否在填充状态
turtle.begin_fill()	准备开始填充图形
turtle.end_fill()	填充完成
turtle.hideturtle()	隐藏画笔的箭头形状
turtle.showturtle()	显示画笔的箭头形状

表 12.7　部分常见的 RGB 颜色值

英文名称	RGB 整数值	中文名称
white	255，255，255	白色
black	0，0，0	黑色
red	255，0，0	红色
green	0，255，0	绿色
blue	0，0，255	蓝色
yellow	255，255，0	黄色
magenta	255，0，255	洋红
cyan	0，255，255	青色
grey	192，192，192	灰色
purple	160，32，240	紫色·
gold	255，215，0	金色
pink	255，192，203	粉红色
brown	165，42，42	棕色

例如：

```
>>> turtle.pencolor()              #返回当前画笔颜色
'black'
>>>turtle.pencolor("grey")         #使用颜色字符串"grey"设置画笔颜色
>>>turtle.pencolor((255,0,0))      #以 RGB 值设置画笔颜色为红色
```

3. 全局控制函数

全局控制函数如表 12.8 所示。

表 12.8　全局控制函数

命　　令	功　　能
turtle.clear()	清空 turtle 窗口，但是 turtle 的位置和状态不会改变
turtle.reset()	清空窗口，重置 turtle 状态为起始状
turtle.undo()	撤销上一个 turtle 动作
turtle.isvisible()	返回当前 turtle 是否可见
turtle.stamp()	复制当前图形
turtle.write(s,font)	写文本信息

turtle.write(s,font)函数的作用是给画布写文本信息，其中，s 为文本信息的内容。font 表示字体参数，为可选项，分别为字体名称、大小和类型，基本形式为 font=("font-name", font_size,"font_type")。例如：

>>>turtle.write("hello")　　　　#在画笔当前位置输出文本信息"hello"

>>>turtle.write("hello",font = ("Times", 24, "bold"))

4. 画笔其他函数

除以上三种之外，turtle 库还提供了其他一些函数，如表 12.9 所示。

表 12.9　画笔其他函数

命　　令	功　　能
turtle.mainloop() turtle.done()	启动事件循环——调用 Tkinter 的 mainloop 函数。必须是乌龟图形程序中的最后一个语句
turtle.mode(mode)	设置乌龟模式（"standard"，"logo(向北或向上)" 或 "world()"）并执行重置。如果没有给出模式，则返回当前模式
turtle.delay(delay)	设置或返回以毫秒为单位的绘图延迟
turtle.begin_poly()	开始记录多边形的顶点。当前的乌龟位置是多边形的第一个顶点
turtle.end_poly()	停止记录多边形的顶点。当前的乌龟位置是多边形的最后一个顶点。将与第一个顶点相连
turtle.get_poly()	返回最后记录的多边形

turtle.mode(mode)函数的作用是设置乌龟运动的模式并执行重置。

其中，参数 mode 表示要设置的模式，有 "standard"、"logo" 和 "world" 三种选项。

standard 模式的 turtle 方向为向右，运动方向为逆时针；logo 模式的 turtle 方向为向左，运动方向为顺时针；world 为自定义模式。

mode 也可以缺省，如果没有给出模式，则返回当前模式。例如：

>>> turtle.mode("logo")　　　　#设置 turtle 方向为向左，运动方向为顺时针

12.2.3　turtle 库应用举例

【例 12.6】　绘制正六边形，如图 12.1 所示。

分析 正六边形可以看做是从起点出发，每画一条边，小乌龟逆时针旋转 60°；再画一条边，再旋转；如此反复 6 次，就可以完成正六边形的绘制，小乌龟最终回到起点。

程序如下：

```
1   import turtle
2
3   t = turtle.Pen()
4   t.pencolor("blue")
5   for i in range(6):
6       t.forward(100)
7       t.left(60)
```

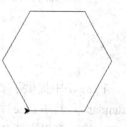

图 12.1　正六边形

【例 12.7】 使用 turtle 中的函数，绘制如图 12.2 所示的五角星。

图 12.2　五角星

分析 该图形首先进行五角星的绘制。在五角星绘制时需要选择画笔的宽度和颜色，五角星绘制算法与例 12.6 中六边形绘制相似。然后再对五角星进行填充，设置填充颜色为红色，最后再在画布上输出文本信息"五角星"。

程序如下：

```
1   import turtle
2
3   turtle.pensize(5)
4   turtle.pencolor("yellow")
5   turtle.fillcolor("red")
6
7   turtle.begin_fill()
8
9   for i in range(5):
10          turtle.forward(200)
11          turtle.right(144)
12  turtle.end_fill()
13
14  turtle.penup()
15  turtle.goto(-150,-120)
16  turtle.color("violet")
```

```
17   turtle.write("五角星", font=('Arial', 40, 'normal'))
```

12.3　time 库

Python 中提供了多个用于对日期和时间进行操作的内置库——time 库、datetime 库和 calendar 库。其中 time 库是通过调用 C 标准库实现的，其提供的大部分接口与 C 标准库 time.h 基本一致。这里主要介绍 time 库。

time 库是 Python 提供的标准库，使用之前需要导入库：

```
import  time
```

12.3.1　time 库概述

python 中表示时间的方法有：时间戳，即从 1975 年 1 月 1 日 00:00:00 到现在的秒数；格式化后的时间字符串；时间 struct_time 元组。

时间 struct_time 元组中的元素主要有：

- tm_year：年
- tm_mon：月
- tm_mday：日
- tm_hour：时
- tm_min：分
- tm_sec：秒
- tm_wday：星期几，范围是 0~6，0 表示周日
- tm_yday：一年中的第几天，范围是 1~366
- tm_isdst：是否是夏令时

12.3.2　time 库常用函数

time 库的函数可分为三类：

(1) 时间获取：time()、ctime()、gmtime()、localtime()、mktime()。

(2) 时间格式化：strftime()、strptime()。

(3) 程序计时：sleep()、perf_counter() 。

1. 时间获取

时间获取函数如表 12.10 所示。

表 12.10　时间获取函数

函　　数	功　　能
time.time()	获取当前时间戳，1970 纪元后经过的浮点秒数
time.ctime()	获取当前时间，返回字符串
time.gmtime()	返回指定时间戳对应的 utc 时间的 struct_time 对象格式
time.localtime()	返回以指定时间戳对应的本地时间的 struct_time 对象
time.mktime(t)	返回用秒数来表示时间的浮点数

1) time() 函数

功能：获取当前时间戳，返回值为浮点数，表示从 1970 年 1 月 1 日 0 点 0 分开始，到当前时间，一共经历了多少秒。例如：

>>> import time

>>> time.time()

1533554029.3566148

2) ctime()

功能：把一个时间戳(按秒计算的浮点数)转化为 time.asctime()的形式，以字符串形式返回。如果参数缺省或者参数值为 None，则将会默认以 time.time()返回值为参数。例如：

>>> time.ctime()

'Mon Aug　6 19:13:56 2018'

>>> time.ctime(1533554029.3566148)

'Mon Aug　6 19:13:49 2018'

3) gmtime()

功能：返回指定时间戳对应的 utc 时间的 struct_time 对象格式，与当前本地时间差 8 个小时。例如：

>>> time.gmtime()

time.struct_time(tm_year=2018, tm_mon=10, tm_mday=6, tm_hour=11, tm_min=18, tm_sec=21, tm_wday=5, tm_yday=279, tm_isdst=0)

4) time.localtime()

功能：返回以指定时间戳对应的本地时间的 struct_time 对象格式，可以通过下标，也可以通过 ".属性名" 的方式来引用内部属性。例如：

>>> time.localtime(1533554029.3566148)

time.struct_time(tm_year=2018, tm_mon=8, tm_mday=6, tm_hour=19, tm_min=13, tm_sec=49, tm_wday=0, tm_yday=218, tm_isdst=0)

5) time.mktime(t)

功能：执行与 gmtime()和 localtime()函数相反的操作,返回用秒数来表示时间的浮点数。

其中，参数 t 是 struct_time 对象。如果给定参数 t 的值不是一个合法的时间，将触发 OverflowError 或 ValueError 异常。例如：

>>> t=(2018,8,36,17,25,35,1,48,58)

>>> time.mktime(t)

1536139535.0

2. 时间格式化

时间格式化函数如表 12.11 所示。

表 12.11 时间格式化函数

函　　　数	功　　　能
time.strftime(format[, t])	将 struct_time 对象实例转换成字符串
time.strptime(str, tpl)	将时间字符串转换为 struct_time 时间对象
time.asctime([t])	将一个 tuple 或 struct_time 形式的时间转换为一个 24 个字符的时间字符串

1) time.strftime(tpl, ts)函数

功能：将 struct_time 对象实例转换成字符串。

其中，参数 tpl 是格式化模板字符串，用来定义输出效果。python 中主要的时间日期格式化控制符如表 12.12 所示。ts 是计算机内部的时间类型变量。

表 12.12 时间日期格式化控制符

格式化字符串	日期/时间说明	取值范围
%Y	四位数年份	0000~9999
%y	两位数年份	00~99
%m	月份	01~12
%B	月份名称	January~December
%b	月份名称缩写	Jan~Dec
%d	日期	01~31
%A	星期	Monday~Sunday
%a	星期缩写	Mon~Sun
%H	小时(24 h 制)	00~23
%h	小时(12 h 制)	01~12
%p	上/下午	AM, PM
%M	分钟	00~59
%S	秒	00~59

例如：

>>> time.strftime("%b %d %Y %H:%M:%S", time.gmtime())

'Oct 06 2018 12:30:38'

>>> time.strftime("%B %d %Y %p %h:%M:%S", time.gmtime())

'October 06 2018 PM Oct:33:52'

2) time.strptime(str, tpl) 函数

功能：将时间字符串转换为 struct_time 时间对象。

其中，参数 str 是字符串形式的时间值；tpl 是格式化模板字符串，用来定义输入效果。

例如：

>>> time.strptime("30 Nov 17", "%d %b %y")

time.struct_time(tm_year=2017, tm_mon=11, tm_mday=30, tm_hour=0, tm_min=0, tm_sec=0, tm_wday=3, tm_yday=334, tm_isdst=-1)

>>> time.strptime("Oct 06 2018 12:30:38", "%b %d %Y %H:%M:%S") time.struct_time(tm_year=2018, tm_mon=10, tm_mday=6, tm_hour=12, tm_min=30, tm_sec=38, tm_wday=5, tm_yday=279, tm_isdst=-1)

3) time.asctime([t])函数

功能：将一个 tuple 或 struct_time 形式的时间(该时间可以通过 gmtime()和 localtime()方法获取)转换为时间字符串。如果参数 *t* 未提供，则取 localtime()的返回值作为参数。例如：

```
>>> t=time.localtime()
>>> time.asctime(t)
'Sat Oct   6 20:43:48 2018'
```

3. 程序计时

程序计时函数如表 12.13 所示。

表 12.13　程序计时函数

函　　数	功　　能
time.sleep(s)	暂停给定秒数后执行程序
time.perf_counter()	返回计时器的精准时间(系统的运行时间)，单位为 s

1) sleep(s)

功能：暂停给定秒数后执行程序，该函数没有返回值。

其中，参数 s 是休眠的时间，单位是 s，可以是浮点数。例如：

```
>>>time.sleep( 5 )            #暂停 5 s
```

2) perf_counter()

功能：返回 CPU 计时器的精准时间(系统的运行时间)，单位为 s。例如：

```
>>> time.perf_counter()
6486.087528257
```

12.3.3　time 库应用举例

【例 12.8】　获取当前时间，然后再格式化当前时间为 struct-time 对象输出，暂停两秒再获取当前时间，最后再格式化当前时间输出。

分析　获取当前时间要用到 time 库中的 time 函数，格式化指定时间为 struct_time，对象可以使用 localtime()函数。

程序如下：

```
1   import time
2
3   t=time.time()
4   print("now time is:{}".format(t))
5   m=time.localtime(t)
6   print("now time is:{}".format(m))
7   time.sleep(2)
8   t=time.time()
```

```
9    n=time.localtime(t)
10   print("now time is:{}".format(n))
```

程序运行结果：

now time is:1538832395.295959

now time is:time.struct_time(tm_year=2018, tm_mon=10, tm_mday=6, tm_hour=21, tm_min=26, tm_sec=35, tm_wday=5, tm_yday=279, tm_isdst=0)

now time is:time.struct_time(tm_year=2018, tm_mon=10, tm_mday=6, tm_hour=21, tm_min=26, tm_sec=37, tm_wday=5, tm_yday=279, tm_isdst=0)

从运行结果格式化输出的 tm_sec 可以看出，两次获取时间相差 2 秒。

练 习 题

1. 编写一个程序，随机生成 2 个 100 以内的正整数，然后提示用户输入这两个整数的和，如果输入的答案正确，程序提示用户计算正确，否则提示计算错误。

2. 仿照例 12.6，绘制一个蜂窝状正六边形，如图 12.3 所示。

3. 绘制奥运五环，如图 12.4 所示，其中五种颜色分别为蓝色、黑色、红色、黄色、绿色。注意根据实际效果调整圆形的大小和位置。

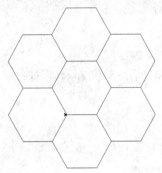

图 12.3　蜂窝状正六边形

图 12.4　奥运五环

4. 使用 time 库输出五种不同的日期格式。

第13章　Python 第三方库

Python 语言拥有强大的第三方库，丰富的第三方库是 Python 不断发展的保证。第三方库需要单独安装才能使用。本章介绍第三方库的安装方法、PyInstller 及 jieba 库的使用。

13.1　Python 常用第三方库

常用的 Python 第三方库及其用途如表 13.1 所示。

表 13.1　Python 常用第三方库

分　类	名　称	用　途
Web 框架	Django	开源 web 开发框架，遵循 MVC 设计
	Karrigell	简单的 Web 框架，自身包含了 Web 服务
	webpy	小巧灵活的 Web 框架
	CherryPy	基于 Python 的 Web 应用程序开发框架
	Pylons	基于 Python 的高效、可靠的 Web 开发框架
	Zope	开源的 Web 应用服务器
	TurboGears	基于 Python 的 MVC 风格的 Web 应用程序框架
	Twisted	流行的网络编程库，大型 Web 框架
	Quixote	Web 开发框架
科学计算	Matplotlib	使用 Python 实现的类 matlab 的第三方库，用来绘制数学二维图形
	SciPy	基于 Python 的 matlab 实现，旨在实现 matlab 的所有功能
	NumPy	基于 Python 的科学计算第三方库，提供了矩阵数据类型、矢量处理、线性代数、傅立叶变换等数值
GUI	PyGTK	基于 Python 的 GUI 程序开发 GTK+库
	PyQt	用于 Python 的 QT 开发库
	WxPython	Python 下的 GUI 编程框架，与 MFC 的架构相似
数据库	PyMySQL	用于连接 MySQL 服务器
	pymongo	NoSQL 数据库，用于操作 MongoDB 数据库

续表

分　类	名　称	用　　途
其他	BeautifulSoup	基于 Python 的 HTML/XML 解析器，简单易用
	requests	对 HTTP 协议进行封装的库
	Pillow	基于 Python 的图像处理库，功能强大，对图形文件的格式支持广泛
	pyinstaller	打包 Python 源程序
	Py2exe	将 Python 脚本转换为 Windows 上可以独立运行的可执行程序
	Pygame	基于 Python 的多媒体开发和游戏软件开发模块
	jieba	中文分词
	pefile	Windows PE 文件解析器

13.2　Python 第三方库的安装

Python 第三方库的安装有三种方式，分别是在线安装、离线安装和解压安装。

13.2.1　在线安装

在线安装方式使用 pip 工具进行安装，pip 是 Python 的包管理工具，主要用于第三方库的安装和维护。pip 安装方法见 1.3.1 节。

1. 安装第三方库

在 Windows 环境中打开 command 窗口，在 command 窗口输入以下命令：

　　pip install 第三方库名称

例如：

　　pip install requests

注意：这种方式安装时会自动下载第三方库，安装完成后并不会删除，如需删除请到它的默认下载路径下手动删除。

Win10 的默认路径是：C:\Users\(你的用户名)\AppData\Local\pip\cache

2. 卸载第三方库

pip uninstall 第三方库名称

3. 查看列出已安装的软件包

pip list

4. 查找需要更新的软件包

pip list –outdated

5. 更新第三方库

pip install --upgrade　第三方库名称

6. 查看第三方库的详细信息

pip show 第三方库名称

7. 搜素软件包

pip search　查询关键字

8. 下载第三方库的安装包

pip download　第三方库名称

注意：该方式只下载，并不会安装第三方库。

13.2.2　离线安装

pip 是 Python 第三方库的主要安装方式，但目前仍有一些第三方库无法使用 pip 工具进行安装。此时，需要使用 Python 第三方库的离线安装。

离线安装首先需要下载安装包。第三方库安装包下载地址如下：

http://www.lfd.uci.edu/~gohlke/pythonlibs/

在该页面找到下载所需的库的.whl 文件，下载该文件到一个目录下，从控制台进入该目录，输入下列命令安装该文件：

pip install　***.whl

13.2.3　解压安装

离线安装前下载的 whl 文件是 Python 库的打包格式，相当于 Python 库的安装文件。whl 文件本质上是压缩格式文件，可以通过修改扩展名进行解压安装。

在解压安装时，将文件的.whl 后缀名改为 zip，然后使用解压缩工具进行解压。解压之后一般都会得到两个文件夹，将与第三方库同名的文件夹拷贝到 Python 安装目录下的 Lib 文件夹中，就安装好了第三方库。

13.3　pyinstller 库

pyinstller 是一个十分有用的第三方库。通过对源文件打包，Python 程序可以在没有安装 Python 的环境中运行，也可以作为一个独立文件方便传递和管理。

pyinstller 是第三方库，使用之前必须先安装，在命令行输入以下命令：

pip install pyinstller

假设有 Python 源文件命名为 python_test.py，存放在 E 盘根目录下，在命令行输入以下命令：

pyinstaller E:\python_test.py

执行完成后，源文件所在目录将会生成 dist 和 build 两个文件夹。其中，build 文件夹是 pyinstaller 存储临时文件的目录，可以安全删除。最终的打包程序在 dist 文件夹中的 python_test 文件夹下，该目录中其他文件是可执行文件 python_test.exe 的动态链接库。

也可以给 pyinstaller 命令添加-F 参数，表示对 Python 源文件生成一个独立的可执行文件。例如：

> python_test.exe-FE:\python_test.py

执行该命令后，在 dist 目录中生成了 python_test.exe 文件，没有包含任何依赖库。

pyinstaller 命令的常用参数如表 13.2 所示，使用该命令时可根据功能需求选择参数。

表 13.2　pyinstaller 命令的常用参数

参数	功　　能
-h	查看帮助
-F	生成单个可执行文件
-D	打包多个文件
-p	添加 Python 文件使用的第三方库路径
-i	指定打包程序使用的图标
-c	使用控制台子系统执行(默认)(只对 Windows 操作系统有效)
-w	使用 Windows 子系统执行，当程序启动的时候不会打开命令行(只对 Windows 操作系统有效)
-clean	清理打包过程中产生的临时文件

使用 pyinstller 库时需要注意：

(1) 文件路径中不能出现空格和英文句号(.)。

(2) 源文件必须是 UTF-8 编码格式。

13.4　jieba 库

jieba 是一款优秀的 Python 第三方中文分词库。jieba 分词依靠中文词库确定汉字之间的关联概率，将汉字间概率大的组成词组，形成分词结果。除了中文词库中的分词，用户还可以添加自定义的词组。

由于 jieba 是第三方库，因此需要在本地安装才可以使用，在命令行下输入以下命令：

> pip install jieba

13.4.1　jieba 库分词模式

jieba 支持精确模式、全模式和搜索引擎模式三种分词模式。三种模式的特点如下。

(1) 精确模式：把文本精确切分开，不存在冗余单词，适合于文本分析。

(2) 全模式：把文本中所有可以成词的词语都扫描出来，有冗余，速度非常快，但是不能解决歧义。

(3) 搜索引擎模式：在精确模式的基础上，对长词再次切分，提高召回率，适合用于搜索引擎分词。

jieba 库常用函数如表 13.3 所示。

表 13.3　jieba 库常用函数

函　　数	描　　述
jieba.cut(s)	精确模式，返回一个可迭代的数据类型
jieba.cut(s, cut_all=True)	全模式，输出文本 s 中所有可能单词
jieba.cut_for_search(s)	搜索引擎模式，适合搜索引擎建立索引的分词结果
jieba.lcut(s)	精确模式，返回一个列表类型
jieba.lcut(s, cut_all=True)	全模式，返回一个列表类型
jieba.lcut_for_search(s)	搜索引擎模式，返回一个列表类型
jieba.add_word(w)	向分词词典中增加新词 w

例如，使用 jieba 库常用的函数对字符串"强大的面向对象的程序设计语言"进行分词，结果如下：

>>> str="强大的面向对象的程序设计语言"

>>> jieba.lcut(str)

['强大', '的', '面向对象', '的', '程序设计', '语言']

>>> jieba.lcut(str,cut_all=True)

['强大', '的', '面向', '面向对象', '对象', '的', '程序', '程序设计', '设计', '语言']

>>> jieba.lcut_for_search(str)

['强大', '的', '面向', '对象', '面向对象', '的', '程序', '设计', '程序设计', '语言']

13.4.2　jieba 库应用举例

【例 13.1】　使用 jieba 库小说《平凡的世界》进行分词，统计该小说中出现次数最多的 15 个词语。

分析　首先获取小说的文本文件，保存为"平凡的世界.txt"；然后将该文件中的信息读出，使用 jieba 库将这些信息进行分词；接着对分词进行计数，计数时会使用到字典类型，将词语作为字典的键，出现次数为键所对应的值；最后再将字典内容输出。

程序如下：

```
1   #coding: utf-8
2   import jieba
3
4   txt = open("平凡的世界.txt", "rb").read()
5   words = jieba.lcut(txt)          # 使用精确模式对文本进行分词
6   counts = {}                      # 通过键值对的形式存储词语及其出现的次数
7
8   for word in words:
9       if len(word) == 1:          #单个词语不计算在内
10          continue
11      else:
```

```
12              counts[word] = counts.get(word, 0) + 1
13     #  遍历所有词语，每出现一次其对应的值加 1
14
15     items = list(counts.items())
16     items.sort(key=lambda x: x[1], reverse=True)
17     #  根据词语出现的次数进行从大到小排序
18
19     print("{0:<5}{1:>5}".format("词语", "次数"))
20     for i in range(15):
21              word, count = items[i]
22              print("{0:<5}{1:>5}".format(word, count))
```

程序运行结果：

词语	次数
一个	1928
他们	1912
自己	1666
现在	1429
已经	1347
什么	1293
这个	1134
没有	1081
少平	933
这样	831
知道	823
两个	755
时候	741
就是	666
少安	631

练 习 题

1. 修改例 13.1，对小说《平凡的世界》中人物出场进行统计，输出出场前 10 名的人名及次数。

2. 将习题 1 编写的 Python 程序使用 pyinstall 库进行打包，生成可执行文件。

第 14 章 基于 Pygame 进行游戏开发

Pygame 是跨平、用来开发游戏软件的 Python 程序模块，它是一组功能强大而有趣的模块，可用于管理图形、动画及声音，使用户能够轻松地开发复杂的游戏。通过 Pygame 来处理在屏幕绘制图像等任务，可使用户脱离底层语言的束缚，把重心放在程序的高级逻辑中。

14.1 在 Windows 系统中安装 Pygame

Pygame 托管在代码分享网站 Bitbucket。在 Windows 系统中安装 Pygame，需要访问 https://bitbucket.org/pygame/pygame/downloads/，查找与本机的 Python 版本匹配的 Pygame 安装包。如果在 Bitbucket 网站上找不到合适的安装包，则需要到 http://www.lfd.uci.edu/~gohlke/pythonlibs/#pygame 查找 Pygame，如图 14.1 所示。

Pygame, a library for writing games based on the SDL library.
    pygame-1.9.4-cp27-cp27m-win32.whl
    pygame-1.9.4-cp27-cp27m-win_amd64.whl
    pygame-1.9.4-cp34-cp34m-win32.whl
    pygame-1.9.4-cp34-cp34m-win_amd64.whl
    pygame-1.9.4-cp35-cp35m-win32.whl
    pygame-1.9.4-cp35-cp35m-win_amd64.whl
    pygame-1.9.4-cp36-cp36m-win32.whl
    pygame-1.9.4-cp36-cp36m-win_amd64.whl
    pygame-1.9.4-cp37-cp37m-win32.whl
    pygame-1.9.4-cp37-cp37m-win_amd64.whl

图 14.1 查看 Pygame 安装包

下载安装文件后，如果下载的是.exe 文件，就可以直接运行。如果该文件的扩展名为 .whl，就将它复制到一个文件夹中，再打开命令窗口，切换到该文件所在的文件夹，使用 pip 命令来进行安装。例如：

pip install pygame-1.9.4-cp37-cp37m-win_amd64.whl

安装过程如图 14.2 所示。

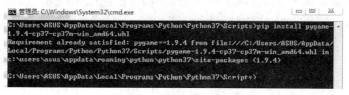

图 14.2 使用 pip 安装

查看 Pygame 是否安装成功，可以在 Python 的 IDLE 中导入 Pygame，查看结果是否报错。如果没有报错则表明安装成功。如图 14.3 所示。

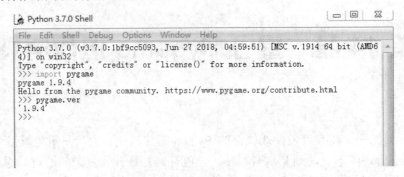

图 14.3　Pygame 安装成功

14.2　Pygame 常用模块

Pygame 的模块主要包括用于控制显示的 display 模块、用于图像控制的 surface 模块、用于绘制各种图形形状的 draw 模块以及对 surface 对象进行操作的模块。

对 surface 对象进行操作的模块包括：翻转、剪裁等操作的 transform 模块、pygame 中内嵌的矩形对象(不同于画图中的形状)等，表 14.1 列举了 pygame 常用的模块。

表 14.1　pygame 常用模块

模块名	功　能
display	生成 windows 窗口
surface	用于图像控制
mouse	针对于鼠标事件进行控制
event	对人机交互时所产生的事件进行控制
rect	用来存储矩形对象
transform	对图形进行缩放和移动
font	加载和表示字体

这里主要介绍 rect 和 event 模块。

1) rect: pygame.Rect(left,top,width,height)或 pygame.Rect((left,top),(width,height))

参数 left 和 top 是矩形左上点的横纵坐标，用来控制生成 rect 对象的位置；width 和 height 则用来控制生成矩形的大小尺寸，也可以传入一个 object 对象从而生成 rect 对象。Pygame 通过 rect 对象存储和操作矩形区域。一个 rect 对象可以由 left、top、width、height 几个值创建。rect 也可以是由 Pygame 的对象所创建。

2) event: pygame.event.get()

该函数返回一个事件列表，可以通过迭代不断从列表中获得事件，根据事件的类型分别进行处理。默认情况无参数，但是也可以传入参数，例如传入某一种事件类型，返回值就是属于这一类型的事件列表。也可以传入一个列表，列表中是需要返回的多个事件类型，返回值是发生了的事件。表 14.2 列举了 event 常用的事件。

表 14.2　event 常用事件

事件类型	基于事件类型的成员
QUIT	None
ACTIVEVENT	gain ,state
KEYDOWN	unicode ,key , mode
KEYUP	key,mode
MOUSEMOTION	pos,rel,bottons
MOUSEBUTTONDOWN	pos,button
MOUSEBUTTONUP	pos,button

14.3　创建游戏项目

从本节开始创建一个游戏项目，该游戏项目主要包括：

(1) 创建一艘能够根据用户按键的输入(方向键及空格键，方向键用于控制方向，空格键用于发射子弹)在屏幕底部左右移动和击杀的飞船，同时创建可以被击杀的外星人。

(2) 把外星人添加在屏幕边缘，然后生成一群外星人，让这群外星人向两边和下面移动。在移动过程中，如果外星人被子弹击中，则删除外星人。

(3) 显示玩家拥有飞船的数量，并在玩家的飞船用尽后结束游戏。

创建一个空的 Pygame 窗口，使用 Pygame 编写游戏的基本结构如下：

```
import sys
import pygame
def run_game():
#初始化游戏并创建一个屏幕对象
    pygame.init()
    screen = pygame.display.set_mode((1200, 800))
    pygame.display.set_caption("Alien Invasion")
#开始游戏的主循环
while True:
#监视键盘和鼠标事件
    for event in pygame.event.get():if event.type == pygame.QUIT:    sys.exit()
#让最近绘制的屏幕可见
pygame.display.flip()
run_game()
```

对该程序的说明如下：

(1) 首先，导入模块 sys 和 pygame。模块 pygame 包含开发游戏所需的功能。用户退出时，将使用模块 sys 来退出游戏。

(2) 游戏从函数 run_game()开始执行。pygame.init()初始化背景设置，让 pygame 能够正确地工作。pygame.display.set_mode()来创建一个名为 screen 的显示窗口,这个游戏的所有图形元素都将在其中绘制。该函数实参(1200, 800)是一个元组,指定了游戏窗口尺寸,通过将这些尺寸值传递给 pygame.display.set_mode()来绘制屏幕大小。

(3) 对象 screen 是一个 surface。在 Pygame 中,surface 是屏幕的一部分,用于显示游戏元素。在这个游戏中,每个元素(如外星人或飞船)都是一个 surface。display.set_mode()返回的 surface 表示整个游戏窗口。激活游戏的动画循环后,每经过一次循环都将自动重绘这个 surface。

(4) 游戏由一个 while 循环控制,其中包含一个事件循环以及管理屏幕更新代码。事件是指用户玩游戏时执行的操作,如按键或移动鼠标。为了让程序响应事件,编写了一个事件循环(for 循环),以侦听事件,并根据发生的事件执行相应的任务。

(5) 使用方法 pygame.event.get()来访问 Pygame 检测到的事件,所有键盘和鼠标事件都将促使 for 循环运行。在这个循环中,将编写一系列的 if 语句来检测并响应特定的事件。

(6) pygame.display.flip()命令使最近绘制的屏幕可见,在每次执行 while 循环时都绘制一个空屏幕,删除旧屏幕,使新屏幕可见。在移动游戏元素时,pygame.display.flip()将不断更新屏幕,以显示元素的新位置,并在原来的位置隐藏元素,从而可以创造出平滑移动的效果。

在这个基本的游戏结构中,最后一行调用 run_game(),将初始化游戏并开始循环。运行这些代码,将可以看到一个空的 Pygame 窗口。

14.3.1　创建设置类

给游戏添加新功能时,通常也将引入一些新设置。下面来编写一个名为 settings 的模块,其中包含一个名为 Settings 的类,用于将所有设置存储在一个地方,以免在代码中到处添加设置。

程序如下:

```
class Settings():
    """存储游戏的所有设置的类"""
    def __init__(self):
        """初始化游戏的设置"""
        #屏幕设置
        self.screen_width = 1200
        self.screen_heigh = 800
        self.bg_color = (230,230,230)
```

在 Pygame 中,颜色是用 RGB 值指定的。这种颜色由红色、绿色和蓝色值组成,其中每个值的可能取值范围都为 0～255。颜色值(255, 0, 0)表示红色,(0, 255, 0)表示绿色,而(0, 0,255)表示蓝色。通过组合不同的 RGB 值,可创建 1600 万种颜色。在颜色值(230, 230, 230)中,红色、蓝色和绿色量相同,将背景设置为一种浅灰色。

创建 Settings 实例并使用它来访问设置,将定义的 run_game()修改成以下这样:

```
def run_game():
    #初始化 pygame、设置和屏幕对象
```

```
pygame.init()
ai_settings = Settings()
screen = pygame.display.set_mode(
(ai_settings.screen_width,ai_settings.screen_height))pygame.display.set_caption("Alien Invasion")
#开始游戏主循环
while True:
    ⋮
#每次循环时都重绘屏幕
    screen.fill(ai_settings.bg_color)
#让最近绘制的屏幕可见
    pygame.display.flip()
run_game()
```

调用 screen.fill()，用背景颜色填充屏幕，这个方法只接受一个实参。

14.3.2　添加飞船图像

下面将飞船加入到游戏中。为了在屏幕上绘制玩家的飞船，程序将加载一幅图像，再使用 Pygame 方法 blit()绘制它。选择图像时，要特别注意其背景色，尽可能选择背景透明的图像，这样可使用图像编辑器将其背景设置为任何颜色。也可以将游戏的背景色设置成与图像的背景色相同。图像的背景色与游戏的背景色相同时，游戏看起来最漂亮。

准备飞船图片并将其命名为 ship.bmp；也可以在互联网上下载一张飞船的图片，要注意 Python 默认图片格式为 bmp。在主项目文件夹中新建一个文件夹，将其命名为 images，并将文件 ship.bmp 保存其中。

选择用于表示飞船的图像后，需要将其显示到屏幕上。以下程序将创建一个名为 ship 的模块：

```
import pygame
    class Ship():
        def __init__(self,ai_settings,screen):
            """初始化飞船并设置其初始位置"""
            self.screen = screen
            self.ai_settings = ai_settings
            #加载飞船图像并获取其外接矩形
            self.image = pygame.image.load('images/ship.bmp')
            self.rect = self.image.get_rect()
            self.screen_rect = screen.get_rect()
            #将每艘新飞船放在屏幕底部中央
            self.rect.centerx = self.screen_rect.centerx
            self.rect.bottom = self.screen_rect.bottom
            #在飞船的属性 center 中存储小数值
            self.center = float(self.rect.centerx)
```

```
            #移动标志
            self.moving_right = False
            self.moving_left = False
     def blitme(self):
            """在指定位置绘制飞船"""
            self.screen.blit(self.image,self.rect)
```

对该程序的说明如下：

(1) 首先，导入模块 pygame。Ship 的方法 __init__()接受引用 self 和 screen 两个参数。为加载图像，调用 pygame.image.load()，这个函数返回一个表示飞船的 surface，我们将其存储到 self.image 中。

(2) 要将游戏元素居中，可设置相应 rect 对象的属性 center、centerx 或 centery；要让游戏元素与屏幕边缘对齐，可使用属性 top、bottom、left 或 right；要调整游戏元素的水平或垂直位置，可使用属性 x 和 y，它们分别是相应矩形左上角的 x 和 y 坐标。

(3) 将飞船放在屏幕底部中央。为此，首先将表示屏幕的矩形存储在 self.screen_rect 中，再将 self.rect.centerx(飞船中心的 x 的坐标)设置为表示屏幕的矩形属性 centerx，并将 self.rect.bottom(飞船下边缘的 y 坐标)设置为表示屏幕的矩形的属性 bottom。

14.3.3　在屏幕上绘制飞船

更新游戏基本结构，使其创建一艘飞船。

程序如下：

```
     def run_game():
         ⋮

            pygame.display.set_caption("Alien Invasion")
     #创建一艘飞船
         ship = Ship(screen)
     #开始游戏主循环
     while True:
     ...#每次循环时都重绘屏幕
            screen.fill(ai_settings.bg_color)
            ship.blitme()
```

创建 Ship 实例要放到主循环 while 之前，避免在每次循环时都创建一艘飞船。ship.blitme()将飞船绘制在屏幕上，确保它出现在背景前面。运行以上步骤创建的代码，可以看到飞船位于游戏屏幕底部中央，如图 14.4 所示。

图 14.4　游戏屏幕中的飞船

14.3.4　game_functions 模块

在大型项目中，经常需要在添加新代码前重构既有代码。重构旨在简化既有代码的结构，使其更容易扩展。game_functions 将存储大量游戏运行的函数，通过创建模块 game_functions，可避免 alien_invasion.py 太长，使其更加容易让人理解其中的逻辑。

程序如下：

```
import sys
import pygame
def check_events():
"""响应按键和鼠标事件"""for event in pygame.event.get():  if event.type == pygame.QUIT:
sys.exit()
```

在 alien_invasion.py 中作如下修改：

```
import pygame
    from settings import Settingsfrom ship import Ship import game_functions as gf def run_
game():    ...
```

\#开始游戏主循环

```
while True:
gf.check_events()
```

为了进一步简化 run_game()，下面将更新屏幕的代码移到一个名为 update_screen() 的函数中，并将其放入 game_functions 中：

```
def update_screen(ai_settings,screen,ship,bullets):
"""更新屏幕上的图像，并切换到新屏幕"""
# 每次循环时都重绘屏幕
screen.fill(ai_settings.bg_color)
ship.blitme()
#让最近绘制的屏幕可见
Pygame.diplay.flip()
```

新函数 update_screen() 包含 ai_settings、screen 和 ship 三个形参。现在需要将 alien_invasion.py 的 while 循环中更新屏幕的代码替换为对函数 update_screen() 的调用：

```
while True:
    gf.check_events()
    gf.update_screen(ai_settings, screen, ship)
```

这两个函数让 while 循环更简单，并让后续开发更容易：在模块 game_functions 而不是 run_game() 中大部分完成工作。

14.3.5　响应按键

随着游戏开发的进行，函数 check_events() 将越来越长，我们将部分代码放在两个函数中：一个处理 KEYDOWN 事件，另一个处理 KEYUP 事件：

程序如下：

```
def check_keydown_events(event, ship):
"""响应按键"""
if event.key == pygame.K_RIGHT:                ship.moving_right = True
```

```
        elif event.key == pygame.K_LEFT:              ship.moving_left = True
        def check_keyup_events(event, ship):
        """响应松开"""
        if event.key == pygame.K_RIGHT:              ship.moving_right = False
        elif event.key == pygame.K_LEFT:              ship.moving_left = False
        def check_events(ship):
        """响应按键和鼠标事件"""
        for event in pygame.event.get():          if event.type == pygame.QUIT:          sys.exit()
        elif event.type == pygame.KEYDOWN:          check_keydown_events(event, ship)          elif event.type
== pygame.KEYUP:          check_keyup_events(event, ship)
```

该程序中创建了 check_keydown_events() 和 check_keyup_events() 两个新函数, 它们都包含形参 event 和 ship。这两个函数的代码是从 check_events() 而来的, 因此该例将函数 check_events 中相应的代码替换成了对这两个函数的调用。

14.3.6 调整飞船速度

在 settings.py 中添加以下新属性:

```
        self.ship_speed_factor = 1.7
```

将 ship_speed_factor 的初始值设置为 1.7, 表示移动飞船时, 将移动 1.7 像素。

通过将速度设置指定为小数部分的值, 可在后面加快游戏的节奏时更细致地控制飞船的速度。然而, rect 的 centerx 等属性只能存储整数值, 因此我们需要对 Ship.py 做些修改。程序如下:

```
        def __init__(self,ai_settings,screen):
            """初始化飞船并设置其初始位置"""
            self.screen = screen
            self.ai_settings = ai_settings
            #加载飞船图像并获取其外接矩形
            self.image = pygame.image.load('images/ship.bmp')
            self.rect = self.image.get_rect()
            self.screen_rect = screen.get_rect()
            #将每艘新飞船放在屏幕底部中央
            self.rect.centerx = self.screen_rect.centerx
            self.rect.bottom = self.screen_rect.bottom
            #在飞船的属性 center 中存储小数值
            self.center = float(self.rect.centerx)
            #移动标志
            self.moving_right = False
            self.moving_left = False
        def update(self):
        """根据移动标志调整飞船的位置"""
```

```
#更新飞船的 center 值，而不是 rect
    if self.moving_right and self.rect.right < self.screen_rect.right:
        self.center += self.ai_settings.ship_speed_factor
    if self.moving_left and self.rect.left > 0:
        self.center -= self.ai_settings.ship_speed_factor
    #根据 self.center 更新 rect 对象
    self.rect.centerx = self.center
```

也可以使用小数来设置 rect 的属性，但 rect 将只存储这个值的整数部分。为准确地存储飞船的位置，这里定义了一个可存储小数值的新属性 self.center。使用函数 float()将 self.rect.centerx 的值转换为小数，并将结果存储到 self.center 中。

现 在 在 update() 中 调 整 飞 船 的 位 置 时 ， 将 self.center 的 值 增 加 或 减 去 ai_settings.ship_speed_factor 的值。更新 self.center 后，再根据它来更新控制飞船位置的 self.rect.centerx。

14.3.7　限制飞船活动范围

当前，如果用户按住箭头键的时间足够长，飞船将移到屏幕外面，消失得无影无踪。为此，将修改 Ship 的 update()，让飞船到达屏幕边缘后停止移动。

程序如下：

```
def update(self):
    """根据移动标志调整飞船的位置"""
    #更新飞船的 center 值，而不是 rect
    if self.moving_right and self.rect.right < self.screen_rect.right:
        self.center += self.ai_settings.ship_speed_factor
    if self.moving_left and self.rect.left > 0:
        self.center -= self.ai_settings.ship_speed_factor
    #根据 self.center 更新 rect 对象
    self.rect.centerx = self.center
```

上述代码在修改 self.center 的值之前会先检查飞船的位置。self.rect.right 返回飞船外接矩形右边缘的 x 坐标，如果这个值小于 self.screen_rect.right，就说明飞船未触及屏幕右边缘；左边缘的情况与此类似。

14.3.8　射击

更新 settings.py，在其方法__init__()末尾存储新类 Bullet 所需要的值：

```
#子弹设置
self.bullet_speed_factor = 1
self.bullet_width = 3
self.bullet_height = 15
self.bullet_color = 60,60,60
self.bullets_allowed = 3
```

创建 Bullet 类

```
import pygame
from pygame.sprite import Sprite
class Bullet(Sprite):
    """一个对飞船发射的子弹进行管理的类"""
    def __init__(self,ai_settings,screen,ship):
        """在飞船所处的位置创建一个子弹对象"""
        super(Bullet,self).__init__()
        self.screen = screen
        #在(0，0)处创建一个表示子弹的矩形，再设置正确的位置
        self.rect=pygame.Rect(0,0,ai_settings.bullet_width,ai_settings.bullet_height)
        self.rect.centerx = ship.rect.centerx
        self.rect.top = ship.rect.top
        #存储用小数表示的子弹位置
        self.y = float(self.rect.y)
        self.color = ai_settings.bullet_color
        self.speed_factor = ai_settings.bullet_speed_factor
```

Bullet 类继承了从模块 pygame.sprite 中导入的 Sprite 类。为创建子弹实例，需要向 __init__()传递 ai_settings、screen 和 ship 实例，同时调用 super()来继承 Sprite。

下面将介绍 bullet 类的两种方法——update()和 draw_bullet()：

```
    def update(self):
        """向上移动子弹"""
        #更新表示子弹位置的小数值
        self.y -= self.speed_factor
        #更新表示子弹的 rect 的位置
        self.rect.y = self.y
    def draw_bullet(self):
        """在屏幕上绘制子弹"""
        pygame.draw.rect(self.screen,self.color,self.rect)
```

方法 update()管理子弹的位置。发射出去后，子弹在屏幕中向上移动，这意味着 y 坐标将不断减小。因此为更新子弹的位置，从 self.y 中减去 self.speed_factor 的值，然后将 self.rect.y 设置为 self.y 的值。属性 speed_factor 可以调整子弹速度。

需要绘制子弹时，调用 draw_bullet()。函数 draw.rect()使用存储在 self.color 中的颜色填充，表示子弹的 rect 占据的屏幕部分。

定义 Bullet 类和必要的设置后，就可以编写代码了，使玩家每次按空格键时都射出一发了弹。首先，将在 alien_invasion.py 中创建一个编组(group)，用于存储所有有效的子弹，以便能够管理发射出去的所有子弹。这个编组将是 pygame.sprite.Group 类的一个实例，Group 类类似于列表。在主循环中，将使用这个编组在屏幕上绘制子弹，以及更新每颗子弹的位置。

程序如下：

```
#创建一个用于存储子弹的编组
bullets = Group()
#开始游戏的主循环
while True:
    gf.check_events(ai_settings, screen, ship, bullets)ship.update()
    bullets.update()
    gf.update_screen(ai_settings, screen, ship, bullets)
```

上述程序创建了一个 Group 实例，并将其命名为 bullets，将 bullets 传递给了 check_events()和 update_screen()。在 check_events()中，需要用户按空格键时处理 bullets；而在 update_screen()，需要更新要绘制到屏幕上的 bullets。

14.3.9　开火

接下来需要修改 check_keydown_events()，以便在玩家按空格键时发射一颗子弹。下面是对 game_functions.py 所做的相关修改：

```
def check_keydown_events(event,ai_settings,screen,ship,bullets):
    elif event.key == pygame.K_SPACE:
        #创建新子弹，并将其加入到编组 bullets 中
            if len(bullets) < ai_settings.bullets_allowed:
                new_bullet = Bullet(ai_settings,screen,ship)
                bullets.add(new_bullet)
def check_events(ai_settings,screen,ship,bullets):
    elif event.type == pygame.KEYDOWN:
            check_keydown_events(event,ai_settings,screen,ship,bullets)
def update_screen(ai_settings,screen,ship,bullets):
"""更新屏幕上的图像，并切换到新屏幕"""
# 每次循环时都重绘屏幕
 screen.fill(ai_settings.bg_color)
#在飞船和外星人后面重绘所有子弹
 for bullet in bullets.sprites():
     bullet.draw_bullet()
 ship.blitme()
```

编组 bulltes 传递给了 check_keydown_events()。玩家按空格键时，创建一颗新子弹(一个名为 new_bullet 的 Bullet 实例)，并使用方法 add()将其加入到编组 bullets 中，代码 bullets.add(new_bullet)将新子弹存储到编组 bullets 中。

在 check_events()的定义中，需要添加形参 bullets；调用 check_keydown_events()时，也需要将 bullets 作为实参传递给它。程序运行结果如图 14.5 所示。

图 14.5　飞船发射子弹

14.4　添加外星人

14.4.1　创建一个外星人

下面来编写 alien 类(alien.py):

```
import pygame
from pygame.sprite import Sprite
class Alien(Sprite):
    """A class to represent a single alien in the fleet."""
    def __init__(self, ai_settings, screen):
        """Initialize the alien, and set its starting position."""
        super(Alien, self).__init__()
        self.screen = screen
        self.ai_settings = ai_settings
        # Load the alien image, and set its rect attribute.
        self.image = pygame.image.load('images/alien.bmp')
        self.rect = self.image.get_rect()
        # Start each new alien near the top left of the screen.
        self.rect.x = self.rect.width
        self.rect.y = self.rect.height
        # Store the alien's exact position
        self.x = float(self.rect.x)
    def blitme(self):
```

```
"""Draw the alien at its current location."""
    self.screen.blit(self.image, self.rect)
```

除位置不同外，这个类与上一节的 ship 类类似。每个外星人最初都位于屏幕左角附近，将每个外星人的左边距都设置为外星人的宽度。

14.4.2　创建外星人实例

下面在 alien_invasion.py 中创建一个 Alien 实例(alien_invasion.py)，主要添加以下 4 行代码：

```
From alien import Alien
def run_game():
    ⋮
    #创建一个外星人
    alien = Alien(ai_settings,screen)
    #开始游戏主循环
    while True:
        ⋮
    gf.update_screen(ai_settings,screen,ship,alien,bullets)
        run_game()
```

上述程序导入了新创建的 Alien 类，并且修改了对 update_screen()的调用，传递了一个外星人实例。

让外星人出现在屏幕上，可以在 update_screen()中调用其方法 blitme()(game_function.py)：

```
def update_screen(ai_settings, screen, ship, aliens, bullets):
    """Update images on the screen, and flip to the new screen."""
        screen.fill(ai_settings.bg_color)
    #在飞船和外星人后面重绘所有的子弹.
    for bullet in bullets.sprites():
        bullet.draw_bullet()
    ship.blitme()
    aliens.blitme()
```

为让外星人在屏幕上位于最前面，需要先绘制飞船和子弹，再绘制外星人。

14.4.3　创建多行外星人

为创建一行外星人，可在 alien_invasion.py 中创建一个名为 aliens 的空编组，用于存储全部外星人；再调用 game_functions.py 中创建外星人群函数。

程序如下：

```
def run_game():
    ⋮
    #创建一艘飞船，一个子弹编组和一个外星人编组
    ⋮
```

```
alien = Group()
    #创建外星人群
gf.create_fleet(ai_settings,screen,aliens)
    #开始游戏主循环
    while True:
        ⋮
gf.update_screen(ai_settings,screen,snip,aliens,bullets)
```

alien = Group()创建了一个空编组，用于存储所有的外星人。调用将编写的 create_fleet()，并将 ai_settings、对象 screen 和空编组 aliens 传递给它。然后，修改对 update_screen()的调用，让它能够访问外星人编组。

此外，还需要修改 update_screen()，程序如下：

```
def update_screen(ai_settings, screen, ship, aliens, bullets):
    ...
        ship.blitme()
        aliens.draw(screen)
    #让最近绘制的屏幕可见
    pygame.display.flip()
```

绘制位置由元素的属性 rect 决定，aliens.draw(screen)在屏幕上绘制编组中的每个外星人。

现在就可以创建外星人群了。下面是新编写函数 create_fleet()，将它放在 game_functions.py 的末尾。还需要导入 Alien 类，因此需要在文件 game_functions.py 开头添加相应的 import 语句：

```
from alien import Alien
def create_fleet(ai_settings, screen, ship, aliens):
    """创建外星人群"""
    #创建一个外星人，并计算一行可容纳多少个外星人
    alien = Alien(ai_settings, screen)
    number_aliens_x = get_number_aliens_x(ai_settings, alien.rect.width)
    number_rows = get_number_rows(ai_settings, ship.rect.height,
        alien.rect.height)
    #创建第一行外星人
for row_number in range(number_rows):
        for alien_number in range(number_aliens_x):
            create_alien(ai_settings, screen, aliens, alien_number,
                row_number)
```

14.4.4　重构 creal_fleel()

鉴于创建外星人的工作还未完成，还需要清理一下这个函数。下面是 create_fleet()与 get_number_aliens_x()和 create_alien()两个新函数：

```
def get_number_aliens_x(ai_settings, alien_width):
    """计算可容纳多少个外星人"""
        available_space_x = ai_settings.screen_width - 2 * alien_width
        number_aliens_x = int(available_space_x / (2 * alien_width))
        return number_aliens_x
def create_alien(ai_settings, screen, aliens, alien_number):
"""创建一个外星人并将其放在当前行"""
    alien = Alien(ai_settings, screen)
    alien_width = alien.rect.width
    alien.x = alien_width + 2 * alien_width * alien_number
    alien.rect.x = alien.x
    alien.rect.y = alien.rect.height + 2 * alien.rect.height * row_number
    aliens.add(alien)
def create_fleet(ai_settings, screen, ship, aliens):
"""创建外星人群"""
    alien = Alien(ai_settings, screen)
    number_aliens_x = get_number_aliens_x(ai_settings, alien.rect.width)
    number_rows = get_number_rows(ai_settings, ship.rect.height,alien.rect.height)
#创建第一行外星人
for row_number in range(number_rows):
    for alien_number in range(number_aliens_x):
        create_alien(ai_settings, screen, aliens, alien_number,row_number)
```

在 number_aliens_x = get_number_aliens_x(ai_settings, alien.rect.width)处，可用水平空间的代码替换为对 get_number_aliens_x()用 alien_width 的代码行，因为现在这是在 create_alien()中处理的。通过这样的重构，创建整群外星人将更容易。

程序如下：

```
def get_number_rows(ai_settings, ship_height, alien_height): """计算屏幕可容纳多少行外星人"""
    available_space_y = (ai_settings.screen_height -(3 * alien_height) - ship_height) number_rows =
int(available_space_y / (2 * alien_height))return number_rows
    def create_alien(ai_settings, screen, aliens, alien_number, row_number):
    ..
    alien.x = alien_width + 2 * alien_width * alien_numberalien.rect.x = alien.x
    alien.rect.y = alien.rect.height + 2 * alien.rect.height * row_number
    aliens.add(alien)
def create_fleet(ai_settings, screen, ship, aliens):        ...
    number_aliens_x = get_number_aliens_x(ai_settings, alien.rect.width)number_rows = get_
number_rows(ai_settings, ship.rect.height,alien.rect.height)
#创建外星人群
for  row_number  in  range(number_rows):   for  alien_number  in  range(number_aliens_x):
```

create_alien(ai_settings, screen, aliens, alien_number, row_number)

为创建多行，使用了循环嵌套，即一个外部循环和一个内部循环(在#创建外星人群)。其中的内部循环创建一行外星人，而外部循环从零数到要创建的外星人行数。Python 重复执行创建单行外星人的代码，重复次数为 number_rows。

在 create_fleet() 的定义中，还新增了一个用于存储 ship 对象的形参，因此在 alien_invasion.py 中调用 create_fleet()时，需要传递实参 ship：

```
#创建外星人群
gf.create_fleet(ai_settings,screen,ship,aliens)
```

14.4.5　让外星人移动起来

下面来让外星人群在屏幕上向右移动，撞到屏幕边缘后下移一定的距离，再沿相反的方向移动。程序要不断地移动所有的外星人，直到所有外星人都被消灭。

以下程序是让外星人左右移动。

首先，添加一个控制外星人速度的设置(settings.py)：

```
def __init__(self):
...
    #外星人设置
        self.alien_speed_factor = 1
```

在 alien.py 进行修改，来使用这个设置来实现 update()：

```
def update(self):
"""向右移动外星人"""
        self.x += self.ai_settings.alien_speed_factorself.rect.x = self.x
```

在每次更新外星人位置时，都将它向右移动，移动量为 alien_speed_factor 的值。使用 self.x 的值更新外星人的 rect 的位置。

在主 while 循环中已调用了更新飞船和子弹的方法，但现在还需更新每个外星人的位置：

```
while True:
    gf.check_events(ai_settings, screen, ship, bullets)ship.update()
    gf.update_bullets(bullets) gf.update_aliens(aliens)
    gf.update_screen(ai_settings, screen, ship, aliens, bullets)
```

最后，在文件 game_functions.py 末尾添加新函数 update_aliens()：

```
def update_aliens(aliens): """更新外星人群中所有外星人的位置"""    aliens.update()
```

对编组 aliens 调用方法 update()，这将自动对每个外星人调用方法 update()。接下来要创建让外星人移动方向的设置(settings.py)：

```
    #外星人设置
    self.alien_speed_factor = 1self.fleet_drop_speed = 10
    # fleet_direction 为 1 表示向右移，为-1 表示向左移 self.fleet_direction = 1
```

设置 fleet_drop_speed，指定有外星人撞到屏幕边缘时，外星人群向下移动的速度。将这个速度与水平速度分开是有好处的，可以分别调整这两种速度。

要检查是否有外星人撞到屏幕边缘，还需修改 update()(alien.py)：

```
def check_edges(self):
    """如果外星人位于屏幕边缘，就返回 True"""
    screen_rect = self.screen.get_rect()    if self.rect.right >= screen_rect.right:    return True
        elif self.rect.left <= 0:
            return True
def update(self):
    """向左或向右移动外星人"""
        self.x += (self.ai_settings.alien_speed_factor *
        self.ai_settings.fleet_direction) self.rect.x = self.x
```

可对任何外星人调用新方法 check_edges()，看看它是否位于屏幕左边缘或右边缘。如果外星人 rect 的 right 属性大于或等于屏幕的 rect 的 right 属性，则外星人位于屏幕右边缘。

14.4.6　击杀外星人

现在，子弹击中外星人时会穿过外星人，因为目前还没有检查碰撞。在游戏编程中，碰撞指的是游戏元素重叠在一起。要让子弹能够击落外星人，将使用 sprite.groupcollide() 检测两个编组的成员之间的碰撞。

方法 sprite.groupcollide() 将每颗子弹的 rect 同每个外星人的 rect 进行比较，并返回一个字典，其中包含发生碰撞的子弹和外星人。

在函数 update_bullets() 中，使用下面的代码来检查碰撞：

```
def update_bullets(aliens, bullets):
    """更新子弹的位置，并删除已消失的子弹"""
    --snip--
    #检查是否有子弹击中了外星人
    #如果是这样，就删除相应的子弹和外星人
    collisions = pygame.sprite.groupcollide(bullets, aliens, True, True)
```

要模拟能够穿行到屏幕顶端的高能子弹(其值为 False)，并让第二个布尔实参为 True，可将第一个布尔实参设置为 true。这样被击中的外星人将消失，但所有的子弹都始终有效，直到抵达屏幕顶端后消失。

在调用 update_bullets() 时，传递了实参 aliens。

```
    #开始游戏主循环
    while True:
        gf.check_events(ai_settings, screen, ship, bullets) ship.update()
        gf.update_bullets(aliens, bullets) gf.update_aliens(ai_settings, aliens)
        gf.update_screen(ai_settings,screen,ship,aliens,bullets)
```

14.4.7　生成新的外星人群

要在外星人群被消灭后又显示一群外星人，首先需要检查编组 aliens 是否为空。如果为空，就调用 create_fleet()。我们将在 update_bullets() 中执行这种检查，因为外星人都是在这里被消灭的(game_functions)：

```
def update_bullets(ai_settings, screen, ship, aliens, bullets):
...
#检查是否有子弹击中了外星人
#如果是，就删除相应的子弹和外星人
collisions = pygame.sprite.groupcollide(bullets, aliens, True, True)
    if len(aliens) == 0:
#删除现有的子弹并新建一群外星人
bullets.empty()
create_fleet(ai_settings, screen, ship, aliens)
```

这里写入的 if len(aliens) == 0 用于检查编组 aliens 是否为空，如果是，就使用方法 empty() 删除编组中余下的所有精灵，从而删除现有的所有子弹，并调用 create_fleet()，再次在屏幕上显示一群外星人。

现在，update_bullets() 的定义包含额外的形参 ai_settings、screen 和 ship，因此需要更新 alien_invasion.py 中对 update_bullets() 的调用：

```
#开始游戏主循环
while True:
    gf.check_events(ai_settings, screen, ship, bullets)ship.update()
    gf.update_bullets(ai_settings, screen, ship, aliens, bullets)gf.update_aliens(ai_settings, aliens)
    gf.update_screen(ai_settings, screen, ship, aliens, bullets)
```

现在，屏幕上的外星人被消灭完后，会立刻出现一个新外星人群。

14.4.8　结束游戏

如果玩家没能在足够短的时间内将整群外星人都消灭干净，那么当外星人撞到飞船时，飞船将被摧毁。与此同时，程序还限制了可供玩家使用的飞船数，当有外星人抵达屏幕底端时，飞船也将被摧毁。玩家用光飞船后，游戏便结束。下面来添加一个结束游戏的快捷键 Q，在 check_keydown_events() 中，可以添加一个代码块，可使用户按 Q 键时结束游戏 (game_functions.py)。

```
def check_keydown_events(event,ai_settings,screen,ship,bullets):
...
    elif event.key == pygame.K_q:
        sys.exit()
```

首先检查外星人和飞船之间的碰撞，以便外星人撞上飞船时我们能够作出合适的响应。可在更新每个外星人的位置后立即检测外星人和飞船之间的碰撞(game_functions.py)。

程序如下：

```
def update_aliens(ai_settings, ship, aliens): """检查是否有外星人到达屏幕边缘然后更新所有外星人的位置 """
    check_fleet_edges(ai_settings, aliens)aliens.update()
#检测外星人和飞船之间的碰撞
    if pygame.sprite.spritecollideany(ship, aliens):print("Ship hit!!!")
```

方法 spritecollideany()遍历编组 aliens 接受两个实参，即一个精灵和一个编组，用于检查编组是否有成员与精灵发生了碰撞，并在找到与精灵发生了碰撞的成员后就停止遍历编组。在这里，遍历编组 aliens，并返回它找到的第一个与飞船发生了碰撞的外星人。接着将 ship 传递给 update_aliens()：

```
#开始游戏主循环
while True:
    gf.check_events(ai_settings, screen, ship, bullets)ship.update()
    gf.update_bullets(ai_settings, screen, ship, aliens, bullets)gf.update_aliens(ai_settings, ship, aliens)
    gf.update_screen(ai_settings, screen, ship, aliens, bullets)
```

现在需要确定外星人与飞船发生碰撞时，该做些什么。这里通过跟踪游戏的统计信息来记录飞船被撞了多少次。下面来编写一个用于跟踪游戏统计信息的新类——GameStats(game_stats.py)：

```
class GameStats():
"""跟踪游戏的统计信息"""
    def __init__(self, ai_settings):
"""初始化统计信息"""
        self.ai_settings = ai_settings
        self.reset_stats()
    def reset_stats(self):
"""初始化在游戏运行期间可能变化的统计信息"""
        self.ships_left = self.ai_settings.ship_limit
```

当前，只创建一个 GameStats 实例，但用户开始新游戏时，需要重新设置一些统计信息。在方法 reset_stats()中初始化大部分统计信息，而不是在_init_()中直接初始化它们。

当前统计 ships_left，其值在游戏运行期间不断变化。开始用户拥有的飞船数存储在 settings.py 的 ship_limit 中：

```
#飞船设置
self.ship_speed_factor = 1.5self.ship_limit = 3
```

我们还需要对 alien_invasion.py 做些修改，以创建一个 GameStats 实例：

```
from settings import Settingsfrom game_stats import GameStats...
    def run_game():
        ...
        pygame.display.set_caption("Alien Invasion")
#创建一个用于存储游戏统计信息的实例
        stats = GameStats(ai_settings)
        ...
#开始游戏主循环
    while True:
        ...
```

```
gf.update_bullets(ai_settings, screen, ship, aliens, bullets)
gf.update_aliens(ai_settings, stats,screen,ship,aliens,bullets)
```

当有外星人撞到飞船时，将余下的飞船数减 1，创建一群新的外星人，并将飞船重新放置到屏幕底端中央(我们还将让游戏暂停一段时间，让玩家在新外星人群出现前注意到发生了碰撞，并重新创建外星人群)。

程序如下：

```
import sys
from time import sleep
import pygame...
def ship_hit(ai_settings, stats, screen, ship, aliens, bullets):
"""响应被外星人撞到的飞船""" # 将 ships_left 减 1
    stats.ships_left -= 1
#清空外星人列表和子弹列表
    aliens.empty()
    bullets.empty()
#创建一群新的外星人，并将飞船放到屏幕底端中央
    create_fleet(ai_settings, screen, ship, aliens)
    ship.center_ship()
#暂停
    sleep(0.5)
    def update_aliens(ai_settings, stats, screen, ship, aliens, bullets):
...
#检测外星人和飞船碰撞
    if pygame.sprite.spritecollideany(ship, aliens):
        ship_hit(ai_settings, stats, screen, ship, aliens, bullets)
```

首先从模块 time 中导入了函数 sleep()，以便使用它来让游戏暂停。新函数 ship_hit() 在飞船被外星人撞到时作出响应。

为了让飞船居中，将飞船的属性 center 设置为屏幕中心的 x 坐标。该坐标是通过属性 screen_rect 获得的：

```
def center_ship(self):
"""让飞船在屏幕上居中"""
self.center = self.screen_rect.centerx
```

如果有外星人到达屏幕底端，将像有外星人撞到飞船那样作出响应。再添加一个执行这项任务的函数，并将其命名为 check_aliens_bottom()：

```
def check_aliens_bottom(ai_settings, stats, screen, ship, aliens, bullets):
"""检查是否有外星人到达了屏幕底端"""
    screen_rect = screen.get_rect() for alien in aliens.sprites():
        if alien.rect.bottom >= screen_rect.bottom:
#像飞船被撞到一样进行处理
```

```
    ship_hit(ai_settings, stats, screen, ship, aliens, bullets)break
def update_aliens(ai_settings, stats, screen, ship, aliens, bullets):
    ...
    #检查是否有外星人到达屏幕底端
    check_aliens_bottom(ai_settings, stats, screen, ship, aliens, bullets)
```

函数 check_aliens_bottom()用来检查是否有外星人到达了屏幕底端。到达屏幕底端后，外星人的属性 rect.bottom 的值大于或等于屏幕的属性 rect.bottom。如果有外星人到达屏幕底端，就调用 ship_hit()。只要检测到一个外星人到达屏幕底端，就无需检查其他外星人，因此在调用 ship_hit()后退出循环。

在更新所有外星人的位置并检测是否有外星人和飞船发生碰撞后调用 check_aliens_bottom()。现在，每当有外星人撞到飞船或抵达屏幕底端时，都将出现一群新的外星人。

结束游戏，可以在 GameStats 中添加一个作为标志的属性 game_active，以便在用户的飞船用完后结束游戏(game_stats.py)：

```
def __init__(self, settings):
    ...
    #游戏刚启动时处于活动状态
    self.game_active = True
```

在用户的飞船都用完后将 game_active 设置为 False：

```
def ship_hit(ai_settings, stats, screen, ship, aliens, bullets):
    """响应飞船被外星人撞到"""if stats.ships_left > 0: # 将 ships_left 减 1
        stats.ships_left -= 1...
    #暂停一会儿
    sleep(0.5)
    else:
    stats.game_active = False
```

if 语句用于检查用户是否至少还有一艘飞船。如果是这样，就可以创建一群新的外星人，暂停一会儿，再接着往下执行。如果用户没有飞船了，就将 game_active 设置为 False。现在可以运行程序，游戏将在飞船用完后停止不动，如图 14.6 所示。

图 14.6　游戏界面

练　习　题

1. 编写一个游戏，开始时屏幕中央有一个火箭，用户可使用四个方向键移动火箭。请务必确保火箭不会移到屏幕外边。

2. 创建一个程序，显示一个空屏幕。在事件循环中，每当检测到 pygame.KEYDOWN 事件时都打印属性 event.key。运行程序，并按各种键，看看 Pygame 如何响应。

3. 编写一个游戏，将一艘飞船放在屏幕左边，并允许用户上下移动飞船。在用户按空格键时，让飞船发射一颗在屏幕中向右穿行的子弹，并在子弹离开屏幕后将其删除。

4. 找一幅星星的图像，并在屏幕上显示一系列整齐排列的星星。

附　　录

附录I　常用字符与ASCII码对照表

ASCII 码由三部分组成。

第一部分从 00H 到 1FH，共 32 个，一般用来通信或作为控制之用。有些字符可显示于屏幕，有些则无法显示在屏幕上，但可以从附表 1.1 看到效果(例如换行字符、归位字符)。

附表 1.1　ASCII 码（一）

ASCII 码	字符	控制字符	ASCII 码	字符	控制字符
000	null	NUL	016	►	DLE
001	☺	SOH	017	◄	DC1
002	●	STX	018		DC2
003	♥	ETX	019	!!	DC3
004	◆	EOT	020	¶	DC4
005	♣	END	021	§	NAK
006	♠	ACK	022	▬	SYN
007	Beep	BEL	023		ETB
008	Bs	BS	024	↑	CAN
009	Tab	HT	025	↓	EM
010	换行	LP	026	→	SUB
011	(home)	VT	027	←	ESC
012	(form feed)	FF	028	∟	PS
013	回车	CR	029	↔	GS
014	♫	SO	030	▲	RS
015	☼	SI	031	▼	US

第二部分从 20H 到 7FH，共 96 个，除 32H 表示的空格外，其余这 95 个字符用来表示阿拉伯数字、英文字母大小写和底线、括号等符号，都可以显示在屏幕上，见附表 1.2。

附表 1.2　ASCII 码 (二)

ASCII 值	字符	ASCII 值	字符	ASCII 值	字符
032	(space)	064	@	096	'
033	!	065	A	097	a
034	"	066	B	098	b
035	#	067	C	099	c
036	$	068	D	100	d
037	%	069	E	101	e
038	&	070	F	102	f
039	'	071	G	103	g
040	(	072	H	104	h
041	)	073	I	105	i
042	*	074	J	106	j
043	+	075	K	107	k
044	,	076	L	108	l
045	-	077	M	109	m
046	.	078	N	110	n
047	/	079	O	111	o
048	0	080	P	112	p
049	1	081	Q	113	q
050	2	082	R	114	r
051	3	083	S	115	s
052	4	084	T	116	t
053	5	085	U	117	u
054	6	086	V	118	v
055	7	087	W	119	w
056	8	088	X	120	x
057	9	089	Y	121	y
058	:	090	Z	122	z
059	;	091	[	123	〈
060	<	092	\	124	¦
061	=	093	]	125	〉
062	>	094	∧	126	~
063	?	095	—	127	DEL

　　第三部分从 80H 到 0FFH，共 128 个字符，一般称为"扩充字符"，这 128 个扩充字符是由 IBM 制定的，并非标准的 ASCII 码。这些字符用来表示框线、音标和其他欧洲非英语系的字母，如附表 1.3 所示。

附表 1.3　ASCII 码 (三)

ASCII 值	字符	ASCII 值	字符	ASCII 值	字符	ASCII 值	字符
128	ç	160	á	192	└	224	α
129	ü	161	í	193	┴	225	β
130	é	162	ó	194	┬	226	Γ
131	â	163	ú	195	├	227	π
132	ā	164	ń	196	─	228	Ξ
133	à	165	_a_	197	┼	229	σ
134	å	166	_o_	198	╞	230	μ
135	ç	167	ℓ	199	╟	231	τ
136	ê	168		200	╚	232	
137	ë	169	┌	201	╔	233	θ
138	è	170	┐	202	╩	234	Ω
139	Ï	171	1/2	203	╦	235	δ
140	Î	172	1/4	204	╠	236	∞
141	Ì	173	!	205	═	237	∮
142	Ã	174	《	206	╬	238	∈
143	Å	175	》	207	╧	239	∩
144	É	176	░	208	╨	240	≡
145	ac	177	▒	209	╤	241	±
146	ÅE	178	▓	210	╥	242	≥
147	ô	179	│	211	╙	243	≤
148	ö	180	┤	212	╘	244	⌠
149	ò	181	╡	213	╒	245	⌡
150	û	182	╢	214	╓	246	÷
151	ù	183	╖	215	╫	247	≈
152	ÿ	184	╕	216	╪	248	°
153	Ö	185	╣	217	┘	249	·
154	ü	186	║	218	┌	250	·
155		187	╗	219	█	251	
156	{	188	╝	220	▄	252	∏
157	¥	189	╜	221	▌	253	Z
158	Pt	190	╛	222	▐	254	■
159	ƒ	191	┐	223	▀	255 (blank 'FF')	

附录 II　Python 内置函数

1. 类型转换函数(附表 2.1)

附表 2.1　类型转换函数

函　　数	功 能 描 述
chr(x)	将整数 x 转换为字符
complex(real [,imag])	创建一个复数
dict(d)	创建一个字典 d
eval(str)	将字符串 str 当成有效的表达式来求值并返回计算结果
float(x)	将 x 转换为浮点数
frozenset(s)	将 s 转换为不可变集合
hex(x)	将整数 x 转换为十六进制字符串
int(x [,base])	将 x 转换为整数
list(s)	将序列 s 转换为列表
long(x [,base])	将 x 转换为长整数
oct(x)	将整数 x 转换为八进制字符串
ord(x)	返回字符 x 的 ASCII 值
repr(x)	将对象 x 转换为表达式字符串
set(s)	将 s 转换为可变集合
str(x)	将对象 x 转换为字符串
tuple(s)	将序列 s 转换为元组
unichr(x)	将一个整数 x 转换为 Unicode 字符

2. 数学函数(附表 2.2)

附表 2.2　数 学 函 数

函　　数	功 能 描 述
ceil(x)	返回不小于 x 的最小整数
cmp(x,y)	比较 x 和 y。如果 x > y, 返回 1; 如果 x == y, 返回 0; 如果 x < y, 返回 -1
exp(x)	返回指数函数 e^x 的值
fabs(x)	求浮点数 x 的绝对值
fmod(x,y)	返回 x 与 y 的模, 即 x%y 的结果
fsum([x,y,...])	浮点数精确求和, 即求 x+y+...
floor(x)	返回不大于 x 的最大整数
log(x)	返回 x 的自然对数的值, 即 lnx 的值
$\log_{10}(x)$	返回以 10 为基数的 x 的对数
modf(x)	返回 x 的整数部分与小数部分, 数值符号与 x 相同, 整数部分以浮点型表示
pow(x, y)	计算 x^y 的值
round(x [,n])	返回浮点数 x 的四舍五入值, 如给出 n 值, 则 n 代表舍入到小数点后的位数
sqrt(x)	返回数字 x 的平方根

3. 三角函数(附表 2.3)

附表 2.3　三　角　函　数

函　　数	功　能　描　述
acos(x)	返回 x 的反余弦弧度值
asin(x)	返回 x 的反正弦弧度值
atan(x)	返回 x 的反正切弧度值
atan2(y, x)	返回给定的 X 及 Y 坐标值的反正切值
cos(x)	返回 x 的弧度的余弦值
hypot(x, y)	返回欧几里德范数 sqrt(x*x + y*y)
sin(x)	返回的 x 弧度的正弦值
tan(x)	返回 x 弧度的正切值
degrees(x)	将弧度转换为角度
radians(x)	将角度转换为弧度

4. 随机函数(附表 2.4)

附表 2.4　随　机　函　数

函　　数	功　能　描　述
choice(seq)	从序列 seq 中返回随机的元素
randrange ([start,]end [,step])	从指定范围内，按指定基数递增的集合中获取一个随机数，基数缺省值为 1
random()	在[0,1)范围内随机生成一个实数
seed([x])	改变随机数生成器的种子 seed
shuffle(lst)	将序列的所有元素随机排序
uniform(x, y)	在[x,y]范围内随机生成一个实数
getstate()	返回一个当前生成器的内部状态的对象
setstate(state)	传入一个先前利用 getstate 方法获得的状态对象，使得生成器恢复到这个状态
getrandbits(k)	返回一个不大于 k 位的 Python 整数(十进制)，例如 $k=10$，则结果在 $0 \sim 2^{10}$ 之间的整数
randint(a, b)	返回一个 a <= N <= b 的随机整数
choices(population, weights=None, *, cum_weights=None, k=1)	Python3.6 版本新增。从 population 集群中随机抽取 k 个元素。weights 是相对权重列表，cum_weights 是累计权重，两个参数不能同时存在
sample(population, k)	从 population 样本或集合中随机抽取 k 个不重复的元素形成新的序列。常用于不重复的随机抽样，返回的是一个新的序列，不会破坏原有序列。从一个整数区间随机抽取一定数量的整数。如果 k 大于 population 的长度，则弹出 ValueError 异常
triangular(low, high, mode)	返回一个 low <= N <=high 的三角形分布的随机数。参数 mode 指明众数出现位置
betavariate(alpha, beta)	β 分布。返回的结果在 0~1 之间
expovariate(lambd)	指数分布
gammavariate(alpha, beta)	伽马分布
gauss(mu, sigma)	高斯分布
normalvariate(mu, sigma)	正态分布

5. 字符串内建函数(附表 2.5)

附表 2.5　字符串内建函数

函　　数	功　能　描　述
str.capitalize()	将字符串的第一个字母变成大写,其他字母变小写
str.center(width)	返回一个原字符串居中,并使用空格填充至长度 width 的新字符串
str.count(s, begin=0,end=len(string))	返回 s 在 str 里面出现的次数,如果 begin 或 end 指定则返回指定范围内 s 出现的次数
str.decode(encoding='UTF-8',errors='strict')	以 encoding 指定的编码格式解码字符串,errors 参数指定不同的错误处理方案
str.encode(encoding='UTF-8',errors='strict')	以 encoding 指定的编码格式编码字符串
str.expandtabs(tabsize=8)	把字符串 str 中的 tab 符号转为空格,默认的空格数 tabsize 是 8
str.find(s, begin=0, end=len(str))	检测 s 是否包含在 str 中,如果包含则返回 s 在 str 中开始的索引值,否则返回−1
str.index(s, begin=0,end=len(str))	检测 s 是否包含在 str 中,如果包含则返回 s 在 str 中开始的索引值,否则抛出异常
str.isalnum()	检测字符串是否由字母和数字组成,如果 str 至少有一个字符并且所有字符都是字母或数字则返回 True,否则返回 False
str.isalpha()	检测字符串是否只由字母组成,如果 str 至少有一个字符并且所有字符都是字母则返回 True,否则返回 False
str.isdecimal()	检查字符串是否只包含十进制字符,如果是则返回 True,否则返回 False
str.isdigit()	检测字符串是否只由数字组成,如果 str 只包含数字则返回 True 否则返回 False
str.islower()	检测字符串是否由小写字母组成,如果 str 中包含至少一个区分大小写的字符,并且所有这些(区分大小写的)字符都是小写,则返回 True,否则返回 False
str.isnumeric()	检测字符串是否只由数字组成,如果 str 中只包含数字字符,则返回 True,否则返回 False
str.isspace()	检测字符串是否只由空格组成,如果 str 中只包含空格,则返回 True,否则返回 False
str.istitle()	检测字符串中所有的单词拼写首字母是否为大写,且其他字母为小写,如果 str 中所有的单词拼写首字母都为大写,且其他字母为小写则返回 True,否则返回 False
str.isupper()	检测字符串中所有的字母是否都为大写,如果 string 中包含至少一个区分大小写的字符,并且所有这些(区分大小写的)字符都是大写,则返回 True,否则返回 False

续表

函　　数	功　能　描　述
str.join(seq)	将序列 seq 中的元素以指定的字符连接生成一个新的字符串
str.ljust(width)	返回一个原字符串左对齐，并使用空格填充至指定长度的新字符串。如果指定的长度小于原字符串的长度则返回原字符串
str.lstrip()	截掉字符串 str 左边的空格或指定字符
str.maketrans(intab, outtab)	创建字符映射的转换表，返回字符串转换后生成的新字符串
str.partition(s)	根据指定的分隔符 s 将字符串进行分割，返回一个 3 元的元组，第一个为分隔符左边的子串，第二个为分隔符本身，第三个为分隔符右边的子串
str.replace(old, new[, max])	把字符串中的 old(旧字符串)替换成 new(新字符串)，如果指定第三个参数 max，则替换不超过 max 次
str.rfind(s, begin=0,end=len(str)	返回字符串最后一次出现的位置(从右向左查询)，如果没有匹配项则返回 −1
str.rindex(s,begin=0,end=len(str))	返回字符串最后一次出现的位置(从右向左查询)，如果没有匹配项则抛出异常
str.rjust(width)	返回一个原字符串右对齐，并使用空格填充至长度 width 的新字符串
str.rpartition(s)	从后往前查找，返回包含字符串中分隔符之前、分隔符、分隔符之后的子字符串；如果没找到分隔符，返回字符串和两个空字符串
str.rstrip()	删除 str 字符串末尾的空格
str.split(s=" ",num=str.count(s))	以 s 为分隔符切片 str，如果 num 有指定值，则仅分隔 num 个子字符串
str.splitlines(num=str.count('\n'))	按照行分隔，返回一个包含各行作为元素的列表，如果 num 指定则仅切片 num 个行
str.startswith(s,begin=0,end=len(str))	检查字符串是否是以指定字符串 s 开头，如果是则返回 True，否则返回 False。如果 begin 和 end 指定值，则在指定范围内检查
str.strip([s])	移除字符串头尾指定的字符 s，s 默认值是空格
str.swapcase()	对字符串的大小写字母进行转换
str.translate(s, del="")	根据 s 给出的表(包含 256 个字符)转换 str 的字符，要过滤掉的字符放到 del 参数中
str.upper()	将字符串中的小写字母转为大写字母
str.zfill(width)	返回长度为 width 的字符串，原字符串 string 右对齐，前面填充 0

6. 列表函数及方法(附表 2.6)

附表 2.6　　列 表 函 数

函　　数	功 能 描 述
cmp(list1, list2)	比较两个列表的元素
len(list)	列表元素个数
list(seq)	将元组转换为列表
max(list)	返回列表元素最大值
min(list)	返回列表元素最小值
list.append(obj)	在列表末尾添加新的对象
list.count(obj)	统计某个元素在列表中出现的次数
list.extend(seq)	在列表末尾一次性追加另一个序列中的多个值
list.index(obj)	从列表中找出某个值第一个匹配项的索引位置
list.insert(index,obj)	将对象插入列表
list.pop(obj=list[-1])	移除列表中的一个元素(默认最后一个元素)，并且返回该元素的值
list.remove(obj)	移除列表中某个值的第一个匹配项
list.reverse()	反向列表中元素
list.sort([func])	对原列表进行排序

7. 元组内置函数(附表 2.7)

附表 2.7　　元组内置函数

函　　数	功 能 描 述
cmp(tuple1, tuple2)	比较两个元组元素
len(tuple)	计算元组元素个数
max(tuple)	返回元组中元素最大值
min(tuple)	返回元组中元素最小值
tuple(seq)	将列表转换为元组

8. 字典内置函数及方法(附表 2.8)

附表 2.8　　字典内置函数

函　　数	功 能 描 述
cmp(dict1, dict2)	比较两个字典元素
len(dict)	计算字典元素个数，即键的总数
str(dict)	输出字典可打印的字符串表示
type(variable)	返回输入的变量类型，如果变量是字典就返回字典类型
dict.clear()	删除字典内所有元素
dict.copy()	返回一个字典的浅复制
dict.fromkeys(seq[, value]))	创建一个新字典，以序列 seq 中元素做字典的键，value 为字典所有键对应的初始值

续表

函　数	功 能 描 述
dict.get(key,default=None)	返回指定键的值，如果值不在字典中返回 default 值
dict.has_key(key)	判断键是否存在于字典中，如果键在字典里返回 True，否则返回 False
dict.items()	以列表返回可遍历的(键，值) 元组数组
dict.keys()	以列表返回字典中所有的键
dict.setdefault(key,default=None)	判断键是否存在于字典中，如果键在字典里返回 True，将会添加键并将值设为 default
dict.update(dict1)	把字典 dict1 的键/值对更新到 dict 里
dict.values()	以列表返回字典中的所有值

9. 时间内置函数(附表 2.9)

附表 2.9　时间内置函数

函　数	功 能 描 述
time.altzone()	返回格林威治西部夏令时地区的偏移秒数。如果该地区在格林威治东部会返回负值(如西欧，包括英国)。对夏令时启用地区才能使用
time.asctime([tupletime])	接受时间元组并返回一个可读的形式为"Tue Dec 11 18:07:14 2008" (2008 年 12 月 11 日 周二 18 时 07 分 14 秒)的 24 个字符的字符串
time.clock( )	用以浮点数计算的秒数返回当前的 CPU 时间
time.ctime([sec])	把一个时间戳 sec(按秒计算的浮点数)转化为 time.asctime()的形式
time.gmtime([sec])	将一个时间戳转换为 UTC 时区(0 时区)的 struct_time，可选的参数 sec 表示从 1970-1-1 以来的秒数
time.localtime([sec])	格式化时间戳为本地的时间
time.mktime(tupletime)	接收 struct_time 对象作为参数，返回用秒数来表示时间的浮点数
time.sleep(sec)	推迟调用线程的运行
time.strftime(fmt[,tupletime])	接收以时间元组，并返回以可读字符串表示的当地时间,格式由 fmt 决定
time.strptime(str,fmt='%a%b %d %H:%M:%S %Y')	根据 fmt 的格式把一个时间字符串解析为时间元组
time.time()	返回当前时间的时间戳(1970 纪元后经过的浮点秒数)
time.tzset()	根据环境变量 TZ 重新初始化时间相关设置

10. os 模块关于目录/文件操作的常用函数(附表 2.10)

附表 2.10　os 模块关于目录/文件操作的常用函数

函 数 名	功 能 描 述
getcwd()	显示当前的工作目录
chdir(newdir)	改变工作目录
listdir(path)	列出指定目录下所有的文件和目录
mkdir(path)	创建单级目录
makedirs(path)	递归地创建多级目录
rmdir(path)	删除单级目录
removedirs(path)	递归地删除多级空目录，从子目录到父目录逐层删除，遇到目录非空则抛出异常
rename(old,new)	将文件或目录 old 重命名为 new
remove(path)	删除文件
stat(file)	获取文件 file 的所有属性
chmod(file)	修改文件权限
system(command)	执行操作系统命令
exec()或 execvp()	启动新进程
osspawnv()	在后台执行程序
exit()	终止当前进程

11. os.path 模块中常用的函数(附表 2.11)

附表 2.11　os.path 模块中常用的函数

函 数 名	功 能 描 述
split(path)	分离文件名与路径
splitext(path)	分离文件名与扩展名
abspath(path)	获得文件的绝对路径
dirname(path)	去掉文件名，只返回目录路径
getsize(file)	获得指定文件的大小
getatime(file)	返回指定文件最近的访问时间
getctime(file)	返回指定文件的创建时间
getmtime(file)	返回指定文件最新的修改时间
basename(path)	去掉目录路径，只返回路径中的文件名
exists(path)	判断文件或者目录是否存在
islink(path)	判断指定路径是否绝对路径
isfile(path)	判断指定路径是否存在且是一个文件
isdir(path)	判断指定路径是否存在且是一个目录
isabs(path)	判断指定路径是否存在且是一个
walk(path)	搜索目录下的所有文件

12. turtle 模块中常用的函数(附表 2.12)

附表 2.12　turtle 模块中常用的函数

函　数	功　能　描　述
turtle.home()	将 turtle 移动到起点(0,0)和向东
turtle.forward(distance)	向当前画笔方向移动 distance 像素长
turtle.backward(distance)	向当前画笔相反方向移动 distance 像素长度
turtle.right(degree)	顺时针移动 degree
turtle.left(degree)	逆时针移动 degree
turtle.pendown()	移动时绘制图形，缺省时也为绘制
turtle.penup()	移动时不绘制图形，提起笔，用于另起一个地方绘制时用
turtle.goto(x,y)	将画笔移动到坐标为 x、y 的位置
turtle.speed(speed)	画笔绘制的速度 speed 取值为[0,10]的整数，数字越大绘制速度越快
turtle.setheading(angle)	改变画笔绘制方向
turtle.circle(radius,extent,steps)	绘制一个指定半径、弧度范围、阶数(正多边形)的弧形
turtle.dot(diameter,color)	绘制一个指定直径和颜色的圆
turtle.pensize(width)	设置绘制图形时画笔的宽度
turtle.pencolor(color)	设置画笔颜色，color 为颜色字符串或者 RGB 值
turtle.fillcolor(colorstring)	设置绘制图形的填充颜色
turtle.color(color1, color2)	同时设置 pencolor=color1, fillcolor=color2
turtle.filling()	返回当前是否在填充状态
turtle.begin_fill()	准备开始填充图形
turtle.end_fill()	填充完成
turtle.hideturtle()	隐藏画笔的箭头形状
turtle.showturtle()	显示画笔的箭头形状
turtle.clear()	清空 turtle 窗口，但是 turtle 的位置和状态不会改变
turtle.reset()	清空窗口，重置 turtle 状态为起始状
turtle.undo()	撤销上一个 turtle 动作
turtle.isvisible()	返回当前 turtle 是否可见
turtle.stamp()	复制当前图形
turtle.write(s,font)	写文本信息
turtle.mainloop() turtle.done()	启动事件循环，调用 Tkinter 的 mainloop 函数。必须是乌龟图形程序中的最后一个语句
turtle.mode(mode)	设置乌龟模式("standard"，"logo(向北或向上)"或"world()")并执行重置。如果没有给出模式，则返回当前模式
turtle.delay(delay)	设置或返回以毫秒为单位的绘图延迟
turtle.begin_poly()	开始记录多边形的顶点。当前的乌龟位置是多边形的第一个顶点
turtle.end_poly()	停止记录多边形的顶点。当前的乌龟位置是多边形的最后一个顶点，将与第一个顶点相连
turtle.get_poly()	返回最后记录的多边形

参 考 文 献

[1] PUNCH W F, ENBODY R. Python 入门经典[M]. 北京：机械工业出版社，2012.

[2] HETLAND M L. Python 基础教程[M]. 2 版. 北京：人民邮电出版社，2010.

[3] 赵家刚，狄光智，吕丹桔. 计算机编程导论：Python 程序设计[M]. 北京：人民邮电出版社，2013.

[4] 董付国. Python 程序设计[M]. 2 版. 北京：清华大学出版社，2015.

[5] 刘卫国. Python 语言程序设计[M]. 北京：电子工业出版社，2016.

[6] 嵩天，礼欣，黄天羽. Python 语言程序设计基础[M]. 2 版. 北京：高等教育出版社，2017.